U0158724

单片机原理与应用教学模式研究

皮大能　著

天津出版传媒集团

天津科学技术出版社

图书在版编目（ＣＩＰ）数据

单片机原理与应用教学模式研究 ／ 皮大能著. -- 天津 ： 天津科学技术出版社，2020.4

ISBN 978-7-5576-7615-5

Ⅰ．①单… Ⅱ．①皮… Ⅲ．①微控制器－教学模式－研究 Ⅳ．①TP368.1

中国版本图书馆 CIP 数据核字(2020)第 053748 号

单片机原理与应用教学模式研究

DANPIANJI YUANLI YU YINGYONG JIAOXUE MOSHI YANJIU

责任编辑： 陶 雨

出版： 天津出版传媒集团
天津科学技术出版社

地址：天津市西康路 35 号

邮编：300051

电话：（022）23332400

网址：www.tjkjcbs.com.cn

发行：新华书店经销

印刷：北京宝莲鸿图科技有限公司

开本 787×1092 1/16 印张 10.25 字数 230 000

2021 年 4 月第 1 版第 1 次印刷

定价：58.00 元

前　言

单片机原理及应用是测控技术与仪器等专业中很重要的一门专业技术基础课，它是一门面向应用的、具有很强的实践性与综合性的课程，特别适合项目驱动式的学习过程，设计了单片机原理及应用教学实践项目。此项目的设计既要涵盖单片机教学的主要内容，又要具有很好的扩展性，满足多种测控系统的设计需要，还要反映测控技术与仪器专业的特点，全面培养学生的专业能力，提高学生的测控系统设计、实践能力。

单片机是把一个计算机系统集成到一个芯片上，广泛应用于家用电器、智能仪表、实时工控、通信设备、导航系统、军工等领域，在社会生活中具有极其重要的作用。单片机原理及应用是测控技术与仪器专业中一门重要的综合性很强的专业基础课程，并且与多门课程深度相关，如电工基础、电子技术基础、传感技术、微机原理及应用、控制工程基础、测控电路设计、智能仪器设计等。同时本门课程具有极强的综合性、实践性的特点，对于培养学生的实验能力具有重要作用。基于单片机教学的重要性，全国各校也一直在进行关于单片机的教学方式、方法改革，主要的改革方向均是增强单片机教学的实践能力，在课堂教学的基础上，加强实践教学，主要的方式包括：①加强实验环节；②增加综合性实验；③加课程设计环节；④设计单独的实践环节。项目驱动型是近年来比较受到认可的一种教学方式。项目教学法是在教师的指导下，学生设计一个相对独立的项目，围绕着项目组织和开展教学，由学生提出设计目标，完成项目的调研，在教师的指导下，形成设计方案，完成项目的设计及调试，并完成项目报告。对于培养学生的专业能力、信息收集能力、团队合作及写书面报告的能力等均有很大的帮助。项目教学法可将相关学科中的知识内容通过单片机作为核心，转化为若干个教学项目，使得学生在完成项目的过程中可以从知识体系的角度对本专业有深刻的认识。基于测控技术与仪器专业的特点，项目的设计要尽可能与本专业重要的知识内容相结合，可以综合学生所学的电路、数字电路、模拟电路、编程语言、仪器电路、光电检测技术、传感器等多门基础课和专业基础课的知识，培养学生进行智能化电子系统整体设计能力。为此，本节设计了单片机教学实践平台项目，尽可能适应多种类型的传感器，可以完成多种类型的测控系统，全面培养学生的设计、实践能力。

目　录

第一章　单片机的基本概念

第一节　单片机的应用及发展

步入 21 世纪以来，数字科技飞速发展，随着交叉学科的深化，科学技术的综合化，单片机技术已渗透到我们工作和生活的各大领域。本节首先简要介绍单片机的概念以及工作原理，然后针对单片机应用范围以及发展趋势进行详细说明。实践证明，高速的逻辑运算能力和强大的编程能力使得单片机在自动化控制方面发挥了更加高效的作用。

一、单片机的概念以及工作原理

（一）单片机的概念

单片机全称单片微型计算机，英文名称为：Single Chip Microcomputer，缩写为 SCM。与我们日常所使用的个人计算机（Personal Computer）所不同的是，单片机将微型处理器、储存器、输入输出接口及相应电路集成在一块芯片上。根据微处理器的位数分类可以分为：4 位机、8 位机、16 位机、32 位机和 64 位机，其中 64 位机是迄今速度最快，性能最强的微机。

单片机具有体积小，性能高，成本低等优点，被广泛应用于工业控制、家用电器、仪器仪表等领域。目前应用最广泛的是美国 Intel 公司开发的 MCS-51 系列单片机，其中 80C51 系列单片机是 MCS-51 单片机第三代的代表，具有举足轻重的地位，同时也是国内各大高校电气相关专业学习和研究的重点。

（二）单片机的工作原理

单片机的工作原理与计算机有着异曲同工之处，但是也有其自身的特点。单片机指令系统共有 111 条指令，程序设计人员根据自己需要实现的功能利用这些指令编写相应的程序并输入到单片机的存储器中，然后单片机在微处理器（CPU）的控制下，将指令一条条地取出来，并加以指令翻译和程序执行，最后输出得到想要的结果。

二、单片机的应用范围及发展趋势

由于单片机具有上面所介绍的体积小、运算速度快、性能高、成本低等特点，使得短短数十年单片机就从诞生到快速发展，再到应用到生产生活各大领域。在广大老百姓所熟知得领域里，家用电器，轿车的电气系统，计算机及各种通信设备，乃至小孩子的遥控玩具等等，都不同程度上使用了单片机。它们虽然不容易被我们看到，但是扮演了非常重要的角色。

智能化、数字化的新兴科学技术在不断发展，这也促进了单片机的深度应用。单片机正在朝着脉宽调制变频，抗干扰以及噪声布线技术等方面发展甚至已经得到一定技术难题的突破。接下来介绍一下单片机的深度应用。

（一）单片机技术在汽车设备领域中的应用

目前作为世界上国民经济的支柱产业，汽车产业发展日益兴旺，经久不衰，而单片机已经在汽车电子中的应用非常广泛。目前单片机应用在了发动制动方面、通信及安全方面。其中我们一般能想到的发动机及其减速系统的控制器，通信方面所用到的 GPS 导航系统，安全方面所用到的 abs 防抱死系统等等这些都用到了单片机。

但随着国家在智能汽车方向上的政策引领，以及智能汽车新技术的发展趋势，在汽车新技术中自动跟随，自动巡航，自动制动等方面必然要使用单片机技术。单片机结合了电压、电流、速度、加速度等各种传感器，生产出标准化电路的传感器，更高的标准为智能汽车的发展奠定了基础。

（二）单片机技术在工业生产领域中的应用

众所周知，在工业生产中，电气系统会无法防备的出现一些问题故障，这是机器所自有的客观特点。那么就需要采取相应的故障诊断技术来做出及时快速的警报提示甚至故障处理，否则故障会不断加深。而人力是有限的，这就对设备控制系统本身要对工作运行的参数测试方面提出了高的要求。

随着各种控制理论和算法的深入，单片机技术在工业生产领域的应用范围也越来越广，就电气传动系统而言，系统的内部结构趋于复杂，而系统所呈现的功能不但变得多样化，性能指标变得更加复杂化。从最开始的控制指令到设备的参数监测，再到系统出现问题的及时反馈及处理。这使得电气传动控制系统不断优化进步，从而在某种程度上促进工业生产质量的全方位提升。

（三）单片机技术在智能家居领域中的应用

单片机的应用不止体现在工业生产上，在生活中的应用也得映现得层出不穷。现如今，科技智能走入千家万户，智能家居在家庭中的使用量也出现增长态势。智能家居是以住房为平台，利用音视频技术、互联网信息技术、集成布线技术、自动控制理论将家居设备集成，根据家庭成员的个性，利用数字化技术处理，构建出安全便利舒适的高等级住宅设施。

对于智能家居来讲，单片机就相当于"大脑"，它在智能家居上的发展趋势有如下几个部分。第一，低能耗化。基于目前世界的资源和环境的紧迫形势，不论是生产者还是使用者，低能耗一贯是共同寻求的目标。第二，储存容量增大。智能家居在使用过程中产生大量的数据，而且这些数据也是其智能深化的数据来源，所以当然需要一个大容量的储存数据的载体。第三，安全性能提高。机器比人有着更高的稳定性，但这并不意味着百分之百的完美。在 CPU 处理器等方面，单片机的发展需要不断优化，以确保住宅设施为人类提供更好的服务。

（四）单片机在企业智能电网领域中的应用

基于单片机的击落判断能力，在企业智能电网中起到了重要的漏电保护作用。如下是漏电保护的基本原理：当三相对地电源变小时，对地绝缘电阻的阻值就会下降，其附加直流回路的电流就会变大，当达到额定启动电流的大小时，继电器开始工作，并且发出指令让总电开关将电力切断。在电网稳定之后再对电源电路等设备进行仔细的检查，而此时充分发挥单片机的计算能力，对电网设备进行仔细的测量，并根据程序输入的额定数值进行处理。

综上所述，单片机在整个自然学科所涉及的设备设施中具有非常广泛和非常深入的应用，同时也对我们的生活意义非常重大，所以我们应当把单片机技术作为自己人生发展过程中的必备知识。同时单片机技术在某些方面还存在缺陷和不足，这也需要在发展过程中不断的改进和完善，让单片机技术在未来生产生活中发挥更大的作用，促进社会的发展和进步。

第二节　单片机应用基本分析

单片机在人们的日常生活的各个领域的应用越来越广泛，从小的家用电器到大的工厂巨型机械。单片机的技术作为最普通的最基本技术之一支持着整个系统，伴随着时代的进步，人们对现代机械的要求也越来越高，本节分别从生活、工业、医疗等方面分析了单片机的应用并展望其发展前景。

一、单片机基本结构及原理

单片机是把中央处理器 CPU、存储器、定时器、I/O 接口电路等一些计算机的主要功能部件集成在一块集成电路芯片上的微型计算机。

二、现代单片机的发展分析

伴随着我们时代的进步，科学技术的不断发展，使人们对于他们自身常用的产品有了一定的要求以及更高品质的需求。这些因素迫使电子科学技术在不断地更新与发展，并且为满足不同人群的需求，我们所需要开发以及研发的范围和深度也在日益增长。产品更新的同时，单片机技术在物联网环境中也起到了重要的支撑作用，单片机技术的应用是实现电子产品功能的关键所在。

三、单片机的现代应用实例分析

经济的不断发展，我们生活中常用的家用电器也在逐渐提升，人们对于自己日常所用到的电器功能要求也越来越多。其中具有智能型的控制系统的家用电器是人们尤为喜爱的，所以电器产品的智能化发展是电器行业的必然发展趋向，现如今能够实现这一技术主要依赖单片机。

（一）单片机的分类

根据单片机的应用角度将单片机分为以下的不同种类。

利用应用原理分类。分为通用型和专用型，顾名思义前者就是能够在各种电器中均可使用的单片机种类和特定为一种产品所设计的单片机。它们各有各的优点，前者可以缩减现在许多不必要的重复操作，而后者的针对性研究更强，适用于那些有特殊要求的产品，在专业性较强的产品中居多。

是否提供并行的总线来分类。总线型和非总线型的单片机，有的单片机串口较多，需要扩展外围的部件，因此被归为总线型单片机。另外一些非总线型单片机已经通过集成将必要的线路聚合成一个整体模块，无须再对总线进行扩展，也更加简洁和方便。

应用的范围分类。控制型和家电型单片机，控制型单片机一般性能强劲，运算能力突出，造价相对而言较高；家用型单片机则多为体积小巧，接口集成度比较高，对于某种常用电器专用性比较强的单片机。

（二）单片机的实际生活应用

在现在这么一个飞速发展的时代，人们更多的是追求便携的一些产品，让电子科技产品不得不应运而生，而为了能够很好地解决这一块的问题，避免不了跟单片机的接触。因为单片机本身就有较强的信息数据处理能力，随着科技的发展，单片机需要具有更高的处理能力，同时也更加需要注意性能的同时关注其安全问题。在此将单片机应用分为家用电器方面、医用方面、工业方面的三个方面的实际应用来做简要的分析。其中家用电器方面，它可以是使洗衣机在运用过程中利用单片机配置完成对洗衣方面更具有针对性；也可以是智能冰箱的温度的自动调整，让其对于人类的入口食物有更好的保证。现在也有单片机在家庭报警系统之中应用，从而保障人们生活的日常安全。在医用方面，伴随着时代的进步人们更加需要通过单片机控制的自动化医疗来提高人们在医疗上的成功率，使医疗方面的失误减少到最小。因为单片机对于广大医疗仪器的设计和研究者来说，开发智能化医用仪器应该是这个时代所需要的一个驱动方向。正是由于这样，使得通用型单片机在医学领域的应用变得日益广泛。在工业方面，单片机的作用一个是实现了机械方面的自动化，实现一些人为无法实现的细节工作或者一些工程量较大的工作，另一个是让这些自动化替代人。主要由于一些特殊工业环境里，例如核工业和粉尘工业等。工作本身对人身体危害比较大，需要利用单片机的自动化来代替，推动人类事业的发展。

总的来说，单片机的应用伴随着我们生活的各个无名角落。未来的越来越多方面也将会加入单片机的使用，让它带我们走进一个全新的世界。

四、单片机未来的应用和发展简要分析

（一）单片机系统的特点

单片机是嵌入式控制系统的主要组成部分。它控制功能更加强大；由于嵌入的需要，它的体积普遍较小；实时性好，运行速度快；使用简单等特点。但它也有一定的不足，就比如普遍性不强，成型难度较大，研发时间较长；差错较难查找，不便于修改。

（二）单片机发展方向

单片机的发展和电子技术之所以能够这么飞速的共同发展，脱不开单片机在电子技术中的广泛应用。因此，想要单片机能够继续不断地发展下去，我们则需要更深入的研究和开发。

从单片机最基本的方面，现在市面上的单片机从 8 位、16 位到 32 位，并且在未来那个发达的时代，单片机将会有更多的硬件升级来满足社会市场的需求。这一方面主要是由于社会推动下产生的。比如，伴随着对于通信方面人们要求它的便利，所以现代的单片机普遍具备通信接口，它可以很便利地与计算机进行数据通信，为计算机网络和通信设备间的应用提供了极好的通道来实现。

展望未来的单片机，他会朝着更微型的方向发展。这是由于现阶段人们对自己所用产品的"微型"也在不断地提出更新。在生物科学和医学方面更是如此，这两项技术均需要更纳米级别的电子产品来实现，不仅仅是实验中，更是实际应用中。

由于传统单片机的技术在如今还是不够成熟，会有很多的安全隐患，所以安全系统应该是重要的环节。接下来的时间里单片机涉及领域可能不太会更加的急于扩展，更多应该还是发展成熟技术以及对于它的深度研究。并且在我们的生活中能源是一个很重要的必需品，节能已经成为社会发展的必然趋势，所以单片机也会趋于这个硬件的方向发展。

综上所述，伴随着科学技术的发展，单片机涉及的领域从最开始的计算机到现在的家

用电器的普及并且不断升级中，让我们看到了它的迅速发展以及工程人员对于它的辛苦付出。看到了单片机在未来的一个大好发展前景。展望未来单片机的发展，我们首先需要从硬件上对单片机进行一个系统的提升，来满足我们对于其更微型化的要求。最后，无论在安全性还是能源发展上以及产品外观追求的"微型"性上，它们都将成为单片机的一个重要发展趋势，同时伴随着单片机的发展，它涉及的领域也将越来越广阔。

第三节　单片机课程改革探索

随着科技的进步和技术的发展，单片机技术广泛应用在智能控制、智能电器等方面，涵盖了人们生活的各个方面，不管是通信还是汽车都有单片机技术的体现，单片机方面每年都有国家级和省级比赛。当今社会最需要应用型人才，可见培养单片机应用型人才的重要性。单片机课程是各理工科院校必开的专业课，在实际教学中，因为单片机课程关联到的其他基础课程较多，而且单片机课程学起来比较难、枯燥，因此教学效果不理想。单片机传统教学模式中教出来的学生动手能力较差，怎样改革单片机的教学，增强学生对单片机应用的实际动手能力，培养应用型单片机人才，可以有效地完成单片机人才培养和社会需求的直接对接。

一、单片机传统教学模式存在的不足之处

现如今单片机的功能日趋强大，但是现在的教学方法相对传统落后，教学效果不理想，教学重点仍然在学习单片机的相关知识点上，对单片机的实际运用没有加以重视，传统的教学方法存在诸多弊端，主要表现在以下方面：

（一）理论知识与实践操作不能有效结合

单片机主要是在硬件上进行编程开发的课程，长久以来，单片机的理论课和实验课都是独立进行教学的，现在这样授课已经难以满足社会需要。老师通常会跟着教学安排上课，带着学生在理论课上编写简单的程序后，再到上实验课时对编写的程序加以验证，这样学生对理论知识本来就没有掌握透彻，上实验课时就更不理解知识点了，老师在上实验课时需要花费大量时间给学生梳理总结所讲的知识点，学生只有利用剩余的时间进行实际操作，但是实验课时间有限，同学们只能进行一些验证性的实验，实验效果自然可想而知，根本不能做到理论知识与实验操作的有效结合。

（二）单片机考核方式不合理

多数老师采用的单片机考核方式仍旧是闭卷理论考试，还有的老师简化了考核程序，把学生的考试成绩和平时成绩按照一定的比例合算，最后计入期末考试总评成绩，这种考

核方式是不合理的，会直接导致学生对单片机课程不够重视、学习积极性下降。

（三）实验课开展难度大，创新性实验不足

单片机实验课上往往都是进行一些验证性实验，大多是验证一些已学的、简单的程序，而在硬件开发和外设接口等扩展知识方面的设计及实验开展很少，提供给学生自主设计的时间和空间也比较有限，单片机在实际应用中，硬件开发和外围电路设计与编程都是同等重要相辅相成的，硬件是软件的载体，软件是硬件的灵魂，二者缺一不可，学生缺乏相关知识方面的实验机会，学生学习单片机课程的主动性不高，创新意识和解决问题的能力也无法得到提高。

（四）学生学习兴趣不浓，积极性不高

学生的专业基础知识不够坚实，有些课程比较抽象，难以理解，大部分学生反应学得不好，知识点掌握的不牢，这很影响学习后面的课程，直接导致单片机学习起来难度较大，时间一长自然失去了学习的兴趣。而且部分教师上课按部就班照本宣科，理论课时又远大于实践课时，缺少了实验课的缓冲，上课比较枯燥乏味，这样也很难让学生体会到单片机课程的魅力，学生学习单片机的积极性不高。

二、单片机教学改革的具体措施

（一）改革授课教学方式

想要提升学生学习单片机课程的积极性，教师就必须改变原有的授课方式，以实际操作和实验现象把要讲授的理论知识引入课堂，同时在课堂上最好直接将所讲的理论知识通过简单的实验加以验证，改变理论课和实验课分开进行的现象，真正将理论和实验有效结合起来。

在单片机教学中，教师应综合运用多种教学方法，树立以学生为主体、教师为主导的教学理念，教师要从讲台上单一讲授、灌输理论知识变为走下讲台、融入学生中去组织、引导学生主动学习，还要加强与学生的沟通交流与讨论，实现共同学习。

对于单片机引入部分的讲解，教师可采用引导教学法，多介绍单片机在高新科技产品中的实际应用，例如学生比较感兴趣的花样流水灯、温控器、万年历等，通过这些实实在在的例子可以大大激发学生学习单片机课程的兴趣。

学生第一次接触单片机，单片机是什么，单片机的工作原理，单片机的引脚和结构对他们来说都比较难以理解，加之单片机引脚较多，学生们难以记忆。因此，教师在教学过程中应将单片机和电脑进行类比，引导学生理解单片机的硬件结构和软件编程相结合的开发模式。同时教师应充分利用单片机开发板，让学生多看单片机硬件实物，加深学生对单片机硬件部分的理解。

单片机的 I/O 口、定时器、串行通信、系统扩展等内容应作为单片机课程教学的重点，教师在讲解这些知识点时可以让学生把单片机想象成电脑主机，单片机同电脑主机一样有许多功能，教师就是要教会学生如何像使用电脑主机一样熟练使用单片机。教师可以采用项目教学法围绕一些选好的项目进行，将理论知识分解融入单片机设计的实际项目中，带领学生参与项目的设计制作，让学生在实际动手制作的过程中既掌握了教师要讲授的知识点，又提升了学生们的动手能力，还提升了他们学习单片机的积极性，在制作过程中发现问题，解决问题，对于学生在以后对单片机进行系统设计有很大的帮助。

单片机的中断及其运用比较难以理解，学生不知道什么是中断，什么时候执行中断，中断发生的条件及中断发生会有什么。教师在讲到中断时，可以用讲课时突然学生接到来电来进行比较，将中断的启动理解成是由外部信号随机触发的，中断请求不会接受主函数即老师的控制，但是中断的发生要接受主函数的控制，可以将中断的查询模式、中断方式和禁止中断模式和电话的静音、响铃和关机加以类比，采用通俗易懂类比的方法帮助学生理解中断的概念及其运用。

（二）改革考试考核方式

要以考风带动学风改变学风，教师要改变以往传统的闭卷考试模式，将要考核的理论知识加入到项目考核中去，项目考核设计要严谨，涉及的知识范围要广，学生在限定考试时间内完成硬件电路设计，同时对单片机进行编程，最后实现考试要求的结果。从而以项目考试将所讲所学的知识点串联起来，带动学生主动学习单片机的相关知识点，同时严格的要求，严把考核结果，促使学生认真学习单片机的知识。

（三）改革实践教学模式

改变以往单片机的简单验证性实验，让实验课真正丰富起来，有趣起来，适当增加可以体现学生能力的自主性创新实验，加大实验课在单片机课程教学中的比例，留充足的时间让学生做综合性项目设计，教师应要求学生在实验课前将理论课上学到的知识点进行汇总和复习，在实验课上让学生利用较短的时间对验证性实验进行实际操作，教师再对学生遇到的问题加以指导解决，实验课的大部分时间应留给学生进行一些创新性和开放性的实验。同时，多鼓励学生去参加一些单片机的相关竞赛，如全国大学生电子设计大赛，蓝桥杯，挑战杯等，学生备赛和参赛的过程中，会自主学习相关单片机的知识，既提高了自己的专业知识储备量，增加了自己的见识，又锻炼了他们的实践动手能力。

（四）教学平台的增加

单片机教学也要与时俱进，不能单单局限于教室或实验室中，而是要充分利用新时代的相关媒介，比如网络教学、网易公开课和微信的微课堂等，教师在进行单片机教学过程中，可以将自己的教学视频录下来，再将视频上传到网络教学平台，帮助有疑问的学生更容易理解单片机的知识点，同时提供在线答疑，学生将问题提交到平台，可以及时得到教师的指点。同时，推荐一些好的单片机网站和教学视频，包括一些芯片的使用手册、编程软件和仿真软件的安装包等等，让学生能够更好地学习单片机，掌握单片机，还能在遇到难题时、独立进行单片机研究设计时可以更好地和教师沟通交流。

采用上面的单片机教学改革措施，改变了以往单片机教学纯粹的教师讲学生被动学，变成了教师和学生一起学，从而将教师和学生放到同一个主体地位上来，学生从要我学变成了我要学的局面。同时项目教学法更能直观演示单片机的知识点，将复杂难懂的知识转换成现象表现出来，学生理解起来更容易，吸引学生主动学习单片机，增加了实验时间让学生不断做实验，验证自己学到的知识，做自己想设计的项目，学生不断地学习，不断增加自己的知识，拓宽自己的知识面，动手能力得到了锻炼，成绩也得到了显著的提升。

高校教育的核心就是培养人才，单片机应用型人才需要具备独立分析问题解决问题的能力、动手能力、知识运用能力等。在单片机教学中，教师应运用形式多样、行之有效教学方法，以学生为主体，教师为主导，充分利用新时代新媒介做好网络教学这块，让学生学有可依，学有可用，充分调动学生学习的积极主动性，做好实验教学环节，让学生充分发挥主观能动性进行创新性实验，教师和学生做好沟通交流，把握学生学习过程中遇到的难点，并及时给予指导帮助，最终实现单片机教学质量的提高，培养真正的单片机应用型人才。

第四节　单片机实验教学初探

随着科学技术和产业的发展，现代工程对应用型人才的工程素质与创新能力的要求不断提高。而单片机实验作为电子信息工程、电气工程、自动化等专业的重要专业必修课，是一门具有很强的实践性与综合性的课程，但当前单片机实验教学对提高学生动手能力和创新能力的帮助非常有限。针对当前单片机教学存在的问题，结合本校学生特点和实验室硬件条件，对单片机实验教学进行全面改革，建立较完善的实验教学体系，构建完善的学科链，提高学生的创新能力和实践能力，使学生具备初步的工程项目实际研发技能。

一、改革措施

（一）在单片机实验教学中引入 Proteus 仿真软件

Proteus 作为电路分析与仿真软件，能够实现原理图设计、电路仿真、软件仿真等功能。将它应用于单片机实验教学中，可以让学生对单片机系统的硬件电路设计有一个全面的了解，熟悉常用的元器件的使用方法。同时通过电路、软件仿真，可以让学生观察各部分的工作状态以及各个变量的变化情况，这对学生进行自主软硬件设计、独立解决实际问题有很大帮助。

同时，引入 Proteus 仿真软件，学生在进行系统设计中不受实验室和硬件限制，首先在 Proteus 环境下仿真调试通过，之后再进行实际的操作，这样将大大减少硬件设备采购，降低硬件设备维护工作量，节约了成本。

（二）采用阶梯式实验教学模式

我校学生有的是一本招生、有的是二本招生，大部分学生来自农村及偏远落后地区，理论基础不扎实，动手能力差，但也有少部分同学有一定的基础，动手能力较强。针对我校的实际情况，在课程设计时根据学生的能力差异提出不同的要求。对同一个实验安排基本任务和扩展任务，基本任务是所有学生都必须完成的，扩展任务旨在提高部分同学的创新能力，是能力比较强的学生在有余力的情况下完成的。学生可以根据自己的情况自由选择，通过这种阶梯式的教学模式可以保证每位学生最大限度地提高自己的实验动手能力和工程设计能力。

（三）软件编程能力、硬件设计能力同抓

目前，单片机实验多采用实验箱进行教学，学生只需要进行简单的模块连接，通过编程就能实现，对外围电路根本不了解，导致学生学完该课程后不知如何下手进行单片机课题的分析和研究。为了提高学生的实践动手能力，培养学生的创新能力，我们采用学习板散板进行实验教学，由单纯的实验箱实验，转到自制最小系统、安装成最小应用系统，再根据不同的实验目的补充外围电路，这样不仅训练学生的软件编程能力，也训练学生的硬件设计能力，有利于提高学生解决实际工程问题的能力。

（四）以学生为中心、课内与课外相结合

针对实验室的资源有限、课时不足的问题，我们在实验的过程中，针对各章内容，分阶段给学生布置一些开放性的实验作业，让学生紧密结合已学内容设计一个小系统，学生可以充分发挥自己的想象力和创造力，从布板、元器件的选择到焊接、硬件的调试，最终完成设计，全面培养学生的设计能力。这种教学方式实现了以学生为中心，课内与课外相结合，学生可以把实验室带回家，拥有了大量的实践时间，克服了实验室资源有限的困难。

（五）优化实验教学内容、增加实验趣味性和多样性

在传统的单片机实验教学中，实验项目内容单一、缺乏吸引力，学生积极性不高，部分同学甚至不自己动手，等其他同学做出来后拷贝一下就可以完成实验。为此，我们对实验内容进行了优化，增加实验的趣味性及多样性，调动了学生的积极性，避免了抄袭现象。例如在点亮 LED 灯实验中，我们从闪烁方式、循环方向等方面进行变化，要求不同学生实现不同现象；在数码管显示实验中，我们让学生显示自己的名字等不同信息。通过以上方法，不仅增加了实验的趣味性，同时还检测了学生对 P 口控制及数码管位码、段码原理掌握的情况，避免了只要 1 个学生做出来所有同学就做出来的现象，增加了学生的参与度。

（六）完善考核评价标准

教师对学生积极的、正确的评价，有利于学生肯定自我，激发学习的兴趣。为此，我们建立了完善的考核评价标准。实验的总评成绩由平时成绩和考核成绩组成，分别占60%、40%。实验过程中分步骤打分，给学生压力，教师在成绩评定时，根据学生完成任务难度的不同乘以不同的难度系数。实验考核分批进行，一人一题，教师根据完成情况给出考核成绩。这种考评方法，不仅可以约束学生认真对待每一个实验，而且有利于培养学生的实践操作能力、创新能力。

（七）构建完善的学科链

为了增加学生锻炼动手能力的机会，我们改革单一的课堂教学，使其外延至课外，有效将实验教学、毕业设计、学科竞赛以及创新创业项目等有机融合，构建完善的学科链，各环节相互衔接和促进，在促进学生创新能力的同时，培养学生项目统筹能力以及团队精神。

二、单片机实验教学总结

经过一系列的改革，单片机实验教学在实践中取得了较好的效果。在2019年1月结项的校级大学生创新创业训练计划项目和开放实验室项目中有7项就与单片机相关，占了全学院项目的三分之一，并且项目的完成情况较好。在2019届的毕业论文中，推荐的7篇优秀毕业论文就有两篇是利用单片机技术来开发智能系统的。同时，在全国电子设计大赛、"飞思卡尔"杯全国大学生智能车大赛等各种竞赛中也获得喜人成绩。

第五节　单片机攻防技术研究

随着互联网技术的飞速发展，网络信息安全上升到国家战略性高度，越来越受到政府、各大通信研发厂商及机构的重视，为信息安全产品的市场推广带来了前所未有的机遇，也给电子通信设备的安全性设计带来了更大挑战。因此，设备自身的抗攻击能力显得尤为重要，并为提高产品的安全性、增强市场竞争力起到了至关重要的作用。针对单片机常用的攻击技术及防御措施进行深入研究，提出一种实用、有效的动态防御实现方案，以期为网络信息安全设备自身的安全性设计提供理论支撑。

电子设备上的单片机执行程序通常是运用仿真器下载到芯片内的。以常见的由单片机和DSP芯片组合设计的模块级设备为例，单片机可与仿真器相连接，通过JTAG接口直接读取并保存执行代码。这种设计方法存在一定风险，虽然通过仿真器读取的只是执行代码，但随着单片机破解技术的飞速发展，应当对单片机本身采取防御措施。

对于设计人员而言，设备的安全性设计是极其重要的一环。网络信息安全设备是信息系统基础设施的护盾，保障信息传输过程中数据的安全性。本节主要介绍几种常见的单片机攻防技术，希望对提高网络信息安全产品的安全性设计有所启示。

一、单片机攻击技术

信息安全电子产品的攻击手段与防御措施永远是一个相互影响、制约的矛盾共同体。为了更好地保护设备的设计原理和设备自身的安全性，在采取相应的防范措施前，必须了解一些常见的攻击技术，做到知己知彼，百战不殆。

（一）软件攻击

攻击者一般会利用 CPU 的 I/O 接口、通用接口协议、公开的保护算法或软件自身的安全漏洞来实施软件破译操作。关于对 ATMEL 公司的 AT89C 系列单片机的攻击，便是一个经典的案例。软件攻击操作员使用串行芯片，擦除操作序列的设计缺陷，并在加密锁复位后使用自编程序。芯片中的源代码是在运行擦除操作函数对程序的内存数据进行清除的过程中，被反向输出并窃取。

（二）电子探测攻击

该攻击方式是经由对设备的各种接口信号的电磁辐射特征进行监控来获取具有高时间分辨率和攻击能力的所有功率端口的模拟特性。由于单片机是一种有源电子器件，当执行不同的指令时，相应的功耗也会相应改变。通过使用一些特制的测量分析仪和数理统计，对测试结果进行监测、分析和处理，即可获得所需的关键数据或信息。

（三）过错产生技术

该技术利用某种异常的工作条件，触发处理器出现软件故障，并提供额外的可访问性攻击。电压攻击和时钟信号攻击是两种常见的攻击方式。低电压或高电压攻击可使电路或诱导功率处理器的自启动保护程序被禁止运行，以达到执行错误操作的目的。时钟瞬态跳频可以在不损坏需要保护的信息情况下，重置保护电路。功率和时钟的瞬时跳动会影响某些处理器中单个指令的解码和运行。

（四）探针技术

探针技术是通过破坏元器件塑封层使内部的布线显现出来，再通过观察、操作和干扰单片机内部信号而达到攻击的目的。

为了方便，上述四种攻击技术一般分为两种类型：一种是入侵攻击（物理攻击），需要在一个特殊的工作环境中通过使用半导体测试设备、显微镜和定位器来破坏芯片的塑封外壳；其他三种方法属于非侵入式攻击，单片机不会遭受物理损毁。在特定环境下，非侵入性攻击是相当危险的，因为非侵入性攻击所使用的设备一般都是自制的，并可方便进行升级，且价格便宜。

非侵入式攻击的操作过程对攻击者的处理器基础知识和软件编程能力有较高要求。相反，入侵探测攻击则不需要操作者拥有太多的专业知识，通常使用一套模式化的软件或工具就能进行操作。因此，对 MCU 的攻击往往从入侵的逆向模式开始，而操作者积累的经验又能促进更廉价和快速的非侵入式攻击技术的发展。

二、单片机防御技术

（一）概述

任何一款单片机芯片，从理论上讲，反向研究只要有足够的费用和时间即可将其破解。因此，在单片机安全设计中，要增加攻击者的成本和时间，这是开发设计人员必须牢记的基本原则。

此外，还应注意以下几点：

（1）在芯片选型的策划阶段，应该进行充分的调研分析和对比，了解 MCU 破译技术的新进展，包括MCU 的正向设计思路和破译，尽量不要使用普及率高或同一系列的芯片。

（2）尽量不要选择在中国很受欢迎的芯片，因为芯片破解技术也能轻易获取。可适当选用较生僻、偏冷门的单片机来加大破译者的攻击难度和破解时间。

（3）选择采用新工艺、新结构、上市时间较短的单片机，如ATMEL、TI、ARM 等新产品。

（4）项目研发成本预算中，在针对硬件成本预算资金许可的范围内，应当选择具有硬件自毁功能的智能卡芯片，以有效应对物理攻击。

（5）打磨掉芯片型号等信息，或重新印上其他型号。

（二）常用的单片机防御技术

SCM 防御手段可分为硬件防护和软件防护两种范例。软件防护不能防止他人复制，只会增加破解分析的难度，但对于行家来说是不够的。因此，将着重介绍和分析以下三种硬件防护方法。

1.总线置乱法

关于总线加扰的操作方式，一般是破坏 MCU 和 EPROM 之间的数据总线和地址总线顺序，包括以下几种方法：

（1）将数据或地址总线的某些线位交换或求反。

（2）将数据或地址总线的某些线位进行异或。

（3）把（1）和（2）结合起来构成较复杂的电路。

（4）在调用 EPROM 时，地址总线（或数据总线）与系统程序的存储地址（或数据）之间的对应关系根据密钥进行交换，如密钥被存储在一片 AT64 73 芯片中，且将高 8 位地址的密钥重新编码，也就是说，破坏原始程序的页码。

（5）通过增加 GAL 器件，利用其中的加密模块对硬件电路进行保护处理。

2. RAM 替代法

电池用来保护 RAM，使其避免发生掉电故障。也就是说，首先将一系列数据写入 RAM，并将其连接到电池，然后接入剩余的芯片。此时，当 SdCM 系统运行时，CPU 首先从 RAM 读取数据。这既可以作为判断 CPU 执行程序正常运行的基本条件，也可以是 CPU 将运行的程序。将数据进行十六进制的数据比对检测。若比对的结果相同，则系统将继续正常运行；反之，系统不能运行。

3. 利用 MCU 本身的加密位进行加密

MCU 大都设置有加密位，最成功的防御方法就是对总线进行烧毁操作。在 AT89 系列芯片设计开发过程中的运用最为典型。原理是将 MCU 数据总线中特定 I/O 数据进行破坏或重置，就算加密位被擦除，译码器也不能读取出芯片程序的正确源代码。

上述方式也存在缺陷：一是可利用仿真器把 RAM 接上电池，取下来放在仿真器上读取源程序；二是这些操作方式在加密小程序方面是有效的，但是因为总线已经被破坏，接口芯片和存储器不能再通过总线进行扩展；同时，芯片内部的存储模块也不会再拥有可反复进行编译、读写的功能特征。

（三）动态防御技术

在讨论传统防御技术的基础上，为了更好地适应新技术的快速发展，提出了一种实用、有效的动态防御技术实现方案。

动态防御技术的核心理念：在程序中看到的地址其实是虚拟地址，当 FPGA 运行时，CPU 程序给出与虚拟地址对应的内存实际地址。

子程序中的调用函数，则在同一子程序中第一次调用的实际函数的绝对地址可以是 135H。当调用第二个函数时，实际地址可能就是 375H，它的子程序功能可能与相对地址的函数功能根本不同，调用前需通过软件插入真实地址。因此，可以通过连续调用相对地址相同的子程序函数，从而调用多个不同的子程序来实现防御。虚拟地址映射到真实地址的地方，可以由程序员自己安排，只需在调用前输出真实地址的对应关系列表即可。硬件和软件的结合，虚拟地址和真实地址的组合，使得对方即使获得了源程序，也难以解析对应关系。

但是，这种动态防御技术方案也存在一定漏洞，如很难应对使用仿真器进行的单步跟踪分析操作方式。因此，需做进一步改进。

改进方法一：在 FPGA 中插入计数器函数，清除 CPU，一旦时间超过限制，FPGA 就将启动具有停止操作功能的函数。这时 CPU 将不能继续正常运转，模拟仿真的过程也就无法操作。

改进方法二：在 FPGA 内运行数据加密处理函数，并由 CPU 运行特定时间范围后再去访问 FPGA，读取密码数据流进行数据比较，若比较结果不一致，则由 CPU 破坏主内存 RAM 中的数据，使所有运行结果出错。用这种方法可有效应对逻辑分析仪的跟踪分析。

在执行数据加密运算函数时，可使用与密码参数进行逻辑 XOR 的方式。但是，当使用这种方法时，实现动态防御的密码参数和逻辑运算函数必须放置在难以解码的同一芯片上。

针对目前的芯片攻击技术，建议采用 ActEL 公司生产的 42MX 系列 FPGA 进行一次编程开发。这种芯片不能读取包含代码点的文件，不能进行代码分析和破译。同时，此类型的芯片资源十分丰富，并拥有完整的、成套的设计工具，运用简洁、方便的 VHDL 语言就可实现各种功能。

随着单片机系统产品越来越广泛地应用于电子产品设计，对其设备中的软件安全防护问题需引起高度重视。性能优良的硬件是实现外部攻击的物质基础，再加上安全可靠的软件保护措施，二者缺一不可。本节概括性描述了相关技术，在实际设计中还应考虑结合不同设备的具体情况合理进行防御设计，从而提高网络信息安全设备自身的安全性。

第六节　电子技术中的单片机应用

电子技术广泛应用于各个行业领域的背景下，现代电子设备的发展应用单片机技术的应用价值极高。相关技术人员需加大对单片机的深入研究，分析单片机在电子技术的应用难题，采取适当手段强化单片机的应用程度，充分发挥电子技术的应用价值。

单片机借助指令控制手段实现单片机设备运行，技术人员可通过指令输出以及数据控制手段来应用单片机功能，将指令输出写入系统之中，由操作人员对指令信息进行增减。

单片机的内部结构与计算机内部结构有相似之处。

单片机内部的存储器是以存储单元地址手段应用存储器，单元机内有 256 个单元，不同的存储单元内存储着不统一的单元地址，单片机内所有数据均存储于存储器之中，进而实现数据调动与数据存储之中。

单片机内部的控制器控制了整个单片机设备的神经枢纽，是单片机内部结构中的核心部件，全面控制了单片机设备中的指令存储器、地址指针等相关内容。

一、单片机应用于电子技术的价值

（一）强化系统运行的稳定性

单片机应用于电子技术内可有效提升电子系统运行的稳定性。电子系统在长时间的系统运行之中，系统输入量以及输出量的变化因素将会影响电子系统的稳定性，同时系统运行的分辨率以及灵敏度也会对电子系统的稳定性造成影响，为此借助单片机修正传感设备，可优化非线性电子系统，提升电子系统的稳定性，强化电子系统的运行性能。

（二）强化系统运行的抗干扰性

单片机应用于电子技术内可有效提升电子系统运行的抗干扰性。电子系统在运行过程中常常受到外界环境的影响，对患者的内部构造造成一定影响。单片机技术的应用能够稳定设备的信号传递，有效提升系统自身的抗干扰性。

（三）推动相关产业的进一步发展

工业生产领域存在较多危险数相对较高的作业类型，在工业生产过程中对于生产技术人员的生命安全造成极大影响。工业生产作业的自动化发展可帮助工业生产作业环节实现自动化控制管理。

二、单片机应用于电子技术的应用途径

（一）应用于电子通信领域

单片机技术应用于现代通信技术之中可充分发挥单片机的应用价值。现阶段单片机技术主要应用于电话录音以及手机录音两方面之中。

（1）应用于电话录音，是将手机相关信号利用单片机运算器功能对单片机进行信息分析，实现对相关数据信息有效处理，将数据输送至存储器之中为手机信号的后续应用提供便利。

（2）应用于手机语音，将单片机设置于手机音频入口处，单片机可在手机通话过程中收集相关信息，对收集数据信息进行分析处理，并将其发布于收集部件之中。

（二）应用于家用电器领域

单片机技术不仅能够应用于高端设备之中，在居民日常生活中电气设备的应用领域也较多。单片机技术主要应用在家用电器的显示系统之中，如应用于洗衣机的显示系统之中，居民可根据自身的功能需求对洗衣机功能进行设置。

（三）应用于工业控制领域

单片机应用于电子技术内可有效提升电子系统的整体功能、推动电子系统的可持续发展。电子技术在更新发展过程中多样化发展趋势，不同电子系统具备不同类型的功能，在运行过程难免出现各种困难问题，利用单片机技术能够有效解决系统运行问题，优化电子系统的系统职能，提升系统运行效率。

单片机应用于工业控制领域之中，单片机可利用自身的数据搜集功能以及实时控制功能，可帮助工业生产实现智能化与精细化的控制管理。如工业生产中的流水线作业环节、

自动报警系统中都广泛应用了单片机技术。

（四）应用于医疗卫生领域

在人们生活能力不断提升的背景下，人们对于自身身体健康安全的重视程度不断提升，各大医院为了提升自身的医疗服务水平，针对居民的医疗需求完善医疗服务路径，在大数据技术以及人工智能技术的支持下，医疗设备功能不断完善。单片机技术应用于医疗卫生领域之中，可全方位了解病人的实际病情，借助数字化手段为医生治疗提供精准的参数支持，根据患者病情状况提供针对性的治疗手段，全面提升医疗卫生服务水平，推动医疗卫生事业的健康发展。

单片机应用于电子技术之中，可有效提升居民工作生活中的便利性，为此需提升单片机在电子技术中的应用程度，推动我国社会经济的可持续发展。

第七节　PLC 与单片机之间的串行通信及应用

在工业自动化控制领域，较为重要的内容就是 PLC 和单元机之间的远距离控制，并且在自控系统设计过程中，经常遇到的难题就是 PLC 和单片机之间远距离通信，基于 PLC 和单片机两者优势充分发挥的基础上，能够确保 PLC 和单片机之间串行通信的良好实现。本节基于实际情况的基础上，通过对现阶段较为常见且应用较为广泛的单片机进行分析探讨。

一、PLC 与单片机的基本理论

一种可以编程的逻辑控制器就是 PLC，其能够在单片机上进行搭载，是一种科技水平不断提升的过程中衍生而来的技术产品；针对单片机来说，其属于集成电路的一种，基于单片机基础上、能够确保其与各种控制和生产系统之间功能技术兼容情况的良好实现，因此其广泛应用于现阶段的生产领域。从单片机应用系统的角度来看，在这个系统中 PLC 属于功能模块典型的一种，其基于 C 语言已经 VB 命令的基础上，能够确保计算机编程造成的良好实现，鸡儿在单片机内部进行嵌进，为单片机想用制动功能内容的具备提供保障；而 PLC 在一些外围设备以及生产系统中所担任的任务为：对各功能模块进行协调并积极配合，确保工业生产中自动化优化操作功能的良好实现，为工业生产领域的自动化不断发展给予强有力的推动。

二、单片机和 PLC 之间的通信协议探究与分析

本节主要是在 PLC 和单片机之间处于分离状态的基础上所展开的相应研究，所以在

这样的状态下可以说、单片机所承担的任务仅仅是发送数据，而对于 PLC 来说，其承担的功能作用为接收数据。基于此，在进行通信时，所选择的通信方式主要为单工串行。在设置 PLC 时，主要是基于自由端口模式的基础上，对语句表加以利用，进而对编程进行执行，在此基础上将协议的内容进行积极实现。

三、单片机与 PLC 之间的通信程序设置

（一）PLC 与单片机数据传输的相关设置

在 PLC 与单片机传输数据时，往往会基于定长发送方式基础上来传输报文，同时这也是其数据传输的主要工作原理。从传输的报文格式角度来说，五个字节会构成一帧报文，而在将报文进行发送时，往往会在相应要求背景下对数字进行滤波处理，进而在此基础上在发送温度值参数信息。在数据传输的全过程，针对温度参数来说，其往往会进行较为缓慢的变动，如此就不能保障通信具有较高的时效性。在这样的情况下，可将一些延时程序嵌入到发送数据的程序内。在嵌入过程中，需要按以下流程进行操作：①清零初始设置中的测温地址；②向外部发送初始字节、测温地址；③基于模数转变过程、数字滤波处理完成的基础上，通过对温度值进行饮用，发送数据，与此同时相应验证码的发送也尤为重要，基于验证码发送的基础上，能够更好地检验发送的数据信息。

（二）PLC 接收数据的相关通信研究

基于 PLC 外在接收数据信息设置的角度来说，往往会有以下表现：通过起始字节的基础上，能够对接收数据帧的一些特性进行判断，而在对数据帧接收速度和进度进行判断的过程中，可以基于数据长度基础上来进行。此时，为了对数据接收的课堂性给予切实保障，可以对其进行相应的核对和检验等工作，主要方式为异或校验。

四、PLC 和单片机的应用分析

（一）PLC 和单片机的应用特点

基于 PLC 和单片机发展势态的角度对其应用特点进行分析，可以明确的是，基于单片机基础上、随着科技水平不断提升的情况，进而发展的一种具有较高就是含量的产品为就是 PLC。严格来说，作为集成式电路中的单片机，其广泛应用于各种电路中。因此，在某种角度来看，可以说单片机中的一个特例存在形式为 PLC，其本质系统就是单片机。通过对此种 PLC 进行应用，能够执行相应的命令。站在相应研究方向的角度来说，具有科学性的一项研究就是单片机，其面对的是整个科研领域的相关科学研究；而对于 PLC 来说，对比单片机，PLC 反而具有较强的实际应用能力，所以可以说在日常生活较为广泛应用的则为 PLC，而单片机则属于科学研究的范畴，尚待不断的研究和开发应用。

（二）单片机和 PLC 之间的区别和联系

针对单片机和 PLC 的外观形体及其零部件构成情况进行分析，PLC 往往需要耗费较高的资金成本，并且具有更大的机型，但其优势则体现在能够快速的进行处理和运行，这一点是单片机所无法比拟的。但从单片机的角度来看，其具备的优势也是不容忽视的，单片机的实用性十分高，虽然说不同的厂家所生产的单片机具有一定异同，但从其工作原理来说，却是相同的。在进行具体的选择时，PLC 可以适用在单项且具有较小数量项目的系统中，此时往往会出现多样性的处理效率应用方式，此时，系统相应的功能在短时间内容就能够实现，但值得注意的是，此方法同样具有一定的缺点，即投入的成本较大。如果系统工程项目数量较多且配套项目且十分繁杂，此时必须要考虑的就是经济实用，此时单片机系统的选择就较为合适，但对单片机系统进行选择的过程中，应针对具有相对成熟技术的团队进行选择进而开展相应的工作，如此才能为系统的安全稳定运行提供重要保障，确保质量能够与标准要求相符合。

在现阶段较为广泛应用的通信方式就是串行通信，而随着科技水平的不断提升，技术的进步，对 PLC 和单片机技术的研究也在逐步提升，所以这两种系统的应用前景也十分广泛。基于此，针对 PLC 和单片机之间的串行通信和应用的不断深入研究不仅是形势所趋，同时也是必然而为之。本节基于 PLC 与单片机的基本理基础上，探究和分析单片机和 PLC 之间的通信协议，并从 PLC 和单片机之间串行通信设置的相关细节为出发点，阐述单片机与 PLC 之间的通信程序设置和应用，为相关研究人员的研究以及操作人员的设计工作等提供便利，进而确保其应用价值的充分全面发挥。

第八节　单片机在嵌入式系统中的应用

目前嵌入式技术已经进成熟阶段，目前所有的芯片设计厂商都在针对现有的指令集进行不断地优化，比如 ARM 公司自 ARM7 开始增加到 Thumb 指令集，但其作为一个 16 位 RISC 指令集并不能很好地完成所有的 32 位标准指令集的功能，因此 ARM 公司将 16 位与 32 位指令集集合在一起，平衡了性能和成本以及低功耗的矛盾，这样的方式也是未来指令集发展的主要趋势。

目前单片机的发展趋势更加的趋于集成与嵌入式，从早期的单板模型到后来的 MCU 微控制器，以至于到现在的 SOC 嵌入式系统式单片机，无一不体现出集成与嵌入的设计思想。嵌入式技术的发展趋势，就不可避免的提到指令集的优化与 ARM 的 v4 到 v7 架构，比如流水线技术的更新，从 ARM7 的三级流水到 ARM9 的五级流水，以及增加的分支预测，但值得一提的是，并不是架构的越高，便代表着低版本的架构便可以抛弃，ARM 各版本的架构其定位于设计不一致，就导致了其各有各的特色功能，比如 ARM9 虽然采用五级流水，但其更多的针对定位能力的优化，但对于一些实时性高要求的应用中，大多采用 ARM7 架构。

一、嵌入式系统概述

（一）嵌入式系统基本特点

在 IEEE 定义中，嵌入式系统是"控制、监视或者辅助设备、机器和车间运行的装置"，是指以应用为中心、以计算机技术为基础、软硬件可裁减、适应应用系统对功能、可靠性、成本、体积、功耗严格要求的专用计算机系统。

1. 特定功能性

嵌入式系统面向于特定机器有特定功能，具有低功耗、体积小，集成度好的特点。

2. 知识集成结构

嵌入式系统集合了计算机结构、半导体技术以及先进的电子技术。其是各种高新技术的优秀集合。

3. 高集合性

由于单片机体积小，因此就必须在小范围内做到最多功能的实现，因此精简度高。

4. 环境不可开发

嵌入式系统需要借助一套完整的开发工具和环境进行开发。

（二）嵌入式系统组成部分

1. 嵌入式系统处理器

嵌入式系统处理器作为嵌入式系统的核心，具备优秀的信息处理能力。由于嵌入式系统具备高集成度特点，嵌入式系统处理器具有良好的可靠性和安全性。在单片机的不断发展中嵌入式系统从开始复杂指令集（CISC）到精简指令集（RISC），和完全精简指令集的变化，其中系统结构在上文中也提到目前逐渐向 SOC 嵌入式系统化方向发展的趋势。

目前 ARM 处理器推出了了 ARM11 后，不再开始向下进行兼容，从而推出了 Cortex 系列，其中包括 A 系列，R 系列，M 系列，分别针对微处理器，实时控制，微处理器进行了分类应用。Cortex 将完全采用 Thumb-2 指令集进行完全的指令精简操作，不仅如此其还推出了 NVIC（可嵌入式中断向量控制器），从而达到中断控制，

2. 嵌入式系统外围设备

基本存储设备其中包括 SRAM 和 DRAM，还有 FLASH，根据其特点在嵌入式系统中采用不同的存储设备。通信接口则包括 USB 接口、RS-232 接口、Ethernet、GPIO 等。

（三）嵌入式系统应用与发展前景

1. 嵌入式系统基础应用

（1）家用电器。

随着智能家居概念的不断火热，嵌入式系统与传统家电的结合不断被人们所提到。在传统的家电中，单片机在其中仅仅承担着保持功能正常运行的目的，并不会去根据实际问题做出相应的调整，而更多地需要人工的帮助，在这样的一种情况下，人工的压力并没有因此而减少。由于嵌入式系统的智能性，人们更多的寄于能尽可能少的减少人工的成分，因此嵌入式系统与家电的结合将带领人们进入一个崭新的领域。

（2）工业技术。

工业生产中，精度会成为必不可少的衡量标准之一，而人工的进行将因为人力的必然缺陷，例如肉眼局限，精力有限等，这样生产出来的产品并不符合产品规范而且也会给企业带来巨大损失，而嵌入式系统与工业相结合，其高度可靠性和唯一确定性，将确保每一个产品的规范符合要求，而且也大大减少了企业人力的开支。

（3）环境监测。

环境监测站使用无人机，传感器等检测设备对恶劣环境，复杂地形进行针对性监测。其中包括水文环境系统监测，天气状况监测，空气质量检测，以及针对防洪体系以及堤坝安全进行相应的模拟实验。

2. 嵌入式系统发展前景

如今嵌入式系统发展更加的趋于提供更加生动的人机交互界面；对于更多小型电子产品具备更好的移植性，从而实现其自动化，低功耗，智能化。

二、基于单片机的嵌入式系统应用

（一）嵌入式系统在 WEB 服务器中的实例

在工业设计中，软硬件的精简性对于服务器有较高的要求，而传统网络服务器并不具有简洁性，且支持网络异构中实现对于计算机的远程操控。而采用将网络设备嵌入到嵌入式设备中，将大大减少用户的访问时间，以及能够精准地控制外部 I/O。而嵌入式 WEB 服务器不采用传统的 TCP/IP 协议连入互联网，而是选择了由 TCP/IP 简化的 UIP 协议栈实现嵌入式 WEB 服务器。这样的嵌入式 WEB 服务器不仅具有简洁性，而且使 MCU 具有更多的空间去控制外部 I/O。

（二）基于嵌入式系统的传感技术

物联网领域从 2009 年温家宝总理提出建立中国传感信息中心开始便逐渐成为众多学者企业关注的重点，而传感技术作为物联网领域的重要一环自然是必不可少。作为承担着信息收集角色的传感器，必然要与嵌入式系统进行有机的结合。智能传感技术具有优秀的信息传递能力，智能传感器具备物与物之间的信息交换、物与计算机之间的信息传递能力，将广泛应用与计算机、通信等方面的信息交流和数据传递。嵌入式智能传感器在物联网领域具有重要作用。

第二章 单片机的设计

第一节 基于单片机的智能台灯设计

随着社会的不断发展，市场也在不断变化。市场上电子产品也在不断地变化，各种各样的电子产品也随着市场的不断发展走向智能化，本节设计的以单片机为控制核心的智能台灯主要以热释电红外传感器来感应人体是否在旁边。当我们在学习时由于身体靠桌面比较近，造成身体坐姿不正，台灯就会报警提示，这样可以纠正坐姿，防止眼睛近视；当检测到旁边没有人在的时候，系统也会使台灯自动关闭，以达到节省电能的目的。

随着生活的不断发展，各种各样的电子产品、电器开始走入人们的生活，在工作方面加快了工作效率，提高了工作质量，使人们的生活更加美好。本设计采用 +5V 的直流电源供电的智能台灯，它具有保护眼睛、使用寿命长、不污染等优点，比起普通的台灯这款智能台灯占有很大的优势，这款智能台灯一方面可以更好地节约电能，起到了环保的作用，另一方面可以通过感应人体来纠正坐姿，起到保护眼睛防止近视的作用。同时，智能台灯在光线比较暗的时候自动开灯的功能，这样使人们在黑暗中更加方便。本智能台灯可以分为自动和手动两种模式。在自动模式下，智能台灯可以通过检测判断旁边是否有人在，当有人在时台灯将自动开灯并且可以通过检测台灯与人体的距离来矫正坐姿。如果房间光的亮度不够时，并且旁边有人时，智能台灯感应到信号就会自动开灯；当我们学习比较累的时候，可以趴在桌子上休息会，这时候台灯检测到信号便会自动关闭台灯；在手动模式下，可以通过按键来调节台灯灯光的亮度。并且本台灯还设计计时功能，可以通过按键手动设置时间，当设定的时间到时，智能台灯便发出提示，如果想结束提示可以用手或者其他东西在红外测距传感器前晃一下或者按一下任意按键这样便可以停止提示。

一、系统原理的设计

（一）设计思想

本智能台灯在系统的控制方面使用 AT89C51 单片机为控制核心，其他组成器件包括热释电红外传感器、光敏电阻信号处理电路、提醒电路、灯光控制电路、报警电路等组成，控制系统选用汇编语言来编程。AT89C51 单片机可将热释电红外传感器检测到的信号模拟量转换成数字量来控制电路。该系统易于操作、可靠性高，还可以环保节能。

（二）研究方向及主要内容

1. 研究方向

本论文主要对 AT89C51 单片机控制的智能台灯系统进行研究，分别对台灯所处环境的光亮强度、人体坐姿、节约电能等方面进行了研究。

2. 主要内容

①根据单片机控制电路的特点，进行控制智能台灯系统研究与设计；②通过传感器感应信号，对智能台灯周围环境的光亮程度进行识别；③通过感应信号进行自动调节，对智能台灯的亮度进行调节；④通过人体的位置，对人体的坐姿进行调整来纠正坐姿。

二、系统的组成与电路的设计

（一）系统的组成

①传感器及信号处理部分：通过传感器检测附近是否有人及附近环境的光强的信号，然后将检测到信号转换成数字信号；② AT89C51 单片机组成的中央处理单元：通过处理信号来控制整个电路；③提醒电路：通过感应信号发出提醒信号；④灯光控制电路：根据 AT89C51 单片机发出的命令来控制灯光；⑤蜂鸣器报警部分：当设定的时间到时以及坐姿矫正时发出提示。

（二）电路的设计

1. 传感器

本次智能台灯设计中主要控制电路是在 AT89C51 单片机的控制下工作的。传感器在本智能台灯的设计中起着非常重要的作用。本设计采用热释电红外传感器来感应信号，因为红外热释电红外传感器只对波长为 $10\mu m$（人体辐射红外线波长）左右的红外辐射起作用，所以除了人体以外的其他物体是不会被感应的。如果人体侵入传感器感应范围之内，人体红外辐射通过部分镜面聚焦，并被热释电元接收，同时发出检测信号。

2. 光敏电阻

光敏电阻在光线比较暗的环境里它的电阻值很高，当光敏电阻器受到光照时，只要光子能量大于半导体材料的禁带宽度,则价带中的电子吸收一个光子的能量后可跃迁到导带，并在价带中产生一个带正电荷的空穴，使其光敏电阻的电阻率变小，造成光敏电阻的阻值下降，从而来调节智能台灯的光亮强度。

3.LED 模块

LED 的负极接地，所有的灯全部并联，正极接在三极管 Q8 的集电极，当 AT89C51 单片机的 IO 口 LED 输出高电平时，Q7 就导通了，Q8 的基极被导通的 Q7 拉低，Q8 导通时，并联的 LED 灯的正极就接在了电源上，此时 LED 灯发亮，当 AT89C51 单片机的 io 口 LED 低电平时，Q7 被截止，Q8 的基极被 R12 的 10k 电阻拉高，Q8 截止，并联 LED 的正极不接电源，LED 熄灭。当 AT89C51 单片机的 IO 口很快的变化时，就可以通过 PWM 的占空比控制灯的光亮强度。

4. 蜂鸣器

蜂鸣器单元主要是以发出的命令给出提示信号；当传感器检测到人体与传感器之间的距离小于提示距离时，蜂鸣器就会发出提示。当计时器到设定的时间后蜂鸣器将发出提示信号。

本系统的主要设计思想来源于生活。台灯是生活中的必需品，但是也有很多人由于长时间的使用台灯，导致眼睛近视，而且经常忘记关灯而造成巨大的能源浪费。本系统用传感器来测量人体与传感器之间的距离，从而来控制人体由于靠近台灯导致眼睛近视。用户可以根据自己的实际情况进行距离调节。当学习的时候，有时当人体坐姿不正，身体离桌面太近，容易影响眼睛近视，此时台灯检测到信号便发出提示，如果没有在设定的时间内离开感应范围，则台灯强制性关闭。当有时我们学习的时候，趴在桌子上休息，而忘了关灯，这时系统就会自动检测到，过一段时间后，台灯也将会自动关闭。

现阶段我国的经济和科技化发展较快，自动智能化领域在我们生活中也广泛应用。从我国的经济发展来看，我国人工智能普遍存在于现在生活中的各个领域，现在我国很多工程领域都开始广泛地应用人工智能技术，推动了我国智能化领域的全面发展。在未来我国随着科技的全面发展，人们生活智能化水平的不断提升，相信未来的生活将更加美好。

第二节 单片机多路数据采集系统设计

多路数据采集系统的优化设计可以使单片机充分满足应用的需求，创造有利的技术支持。基于此，结合数据采集系统设计的不足之处，研究总结单片机在多路数据采集系统设计方面的问题，并制定了优化单片机多路数据采集系统设计的优化策略，对提升单片机应用的综合质量具有重要意义。

明确数据资源的采集系统原理，是保证数据的采集渠道得到进一步拓展的关键。从多路数据采集系统建设的角度，制订单片机的优化设计策略，是很多单片机应用人员重点关注的问题。

一、单片机多路数据采集系统的结构及原理

传感器装置将按照设定的方式传递模拟电量。模拟电量的生成方式较为复杂，可以简单地按照常规电量转化的方式加以处置，也可以按照非物理量的应用特征进行设计，使单片机的多路数据采集系统可以完整结合信息资源采集应用的实际需要进行处置，为多路数据采集系统成功满足传感器装置的信息传导需求创造有利条件。设计单片机装置内部传感器装置的过程中，明确分辨率是保证多路数据采集工作顺利推进的关键，也是构成这一系统的关键性资源。采集到的信息资源通过放大后，信息资源的应用精度将得到更加完整的保障，完整控制更多的信息采集系统分辨率，为明确信息资源量程提供依据。

二、单片机多路数据采集系统的硬件设计

（一）电路的设计

电路的设计一定要从保障基础性电能供给平衡的角度出发，全面调查、分析与系统相关的压力因素和温度因素，使硬件设计活动的实施可以满足电路设计措施的运行需求，并保证系统的硬件设计质量得到提升。设计单片机装置通用端口的过程中，必须全面加强关注模拟信息资源，使更多的电路设计工作都能达到模拟信号的应用要求，并为明确电压值提供信息支持。从端口数据资源输入管理的角度出发，总结已经实施模拟设置的电路电压信号，使更多与电压值应用需求相关的策略都可以符合电路设计方案的构建需要，保证在硬件资源设计的基础性端口价值得到明确的情况下处置电压因素，达到信息资源的模拟管理要求，为单片机实现内部信息转化提供帮助，为电路设计提供帮助。电路的设计还需要从内核转换的角度出发，总结应用段码，使更多的驱动器装置在具体的驱动设计过程中，可以逐步适应单片机装置的信息模拟输入管理需要，并为更多工作电压的控制活动提供支持，使更多的模拟信息输入措施为单片机装置的数据信息维护提供帮助。

（二）主控制芯片的设计

单片机的设计一定要与主控制芯片的具体应用方式保持一致，使更多与控制器应用诉求相关的措施都可以符合芯片资源的应用要求，为单片机合理满足主控制器装置的实际应用需求提供支持。主控制芯片的设计需要从信息资源的串行通信角度出发，优化设计需要实施通信管理的装置，以便主控制芯片可以达到微控制器装置的操作与运行需要，为数字外部硬件资源满足数据资源的采集控制需求提供帮助，进而体现数据资源的采集管理价值。设计主控制系统芯片的过程中，一定要将模拟部件的状态作为一项关键性因素，有效显现更多数字资源的功能设计价值，保证与主控制系统芯片应用相关的措施，能够体现数字外设功能的实际应用价值，为主控制芯片的技术资源整合提供帮助。此外，一定要从基础性信息的编译角度出发，结合主控制芯片的设计特点，优化设置内部信息模块，并从数据资

源的采集和量化角度出发，实现内核模块资源的优化应用，为主控制芯片的合理应用提供支持。

（三）显示电路的设计

显示电路进行硬件设置的过程中，一定要明确多路数据采集过程中的信息资源移位特征，并使用寄存器装置有效收集信息资源，为提升多路数据采集效率和有效调动后续信息资源提供支持。寄存器的具体应用活动需要强化重视数码显示功能，尤其加强关注寄存器在移位管理方面的作用，使更多凭借内核完成信息资源转化的节段码可以得到明确使用，并为显现内核在电路设计领域的作用提供支持。研究单片机装置的信息资源输出管理模式，使更多的移位信息可以在寄存器应用诉求明确的情况下得到使用，使显示电路可以有效按照节段码的特征制订寄存器应用方案，从而为体现单片机在数据资源传输管理过程中的作用提供支持，实现单片机装置数据资源传输管理方案的优化。显示电路的设计工作还需要强化重视串行数据，尝试将 4 个字节的串行数据升级为 8 位并行的数据体系，保证更多的LED数码管都可以在这一过程中有效操作控制显示电路，体现静态显示数据的应用性价值，使 LED 显示方式能够在显示电路的实际应用过程中发挥更好的作用。

三、单片机多路数据采集系统的软件设计

（一）汇编语言的设计

软件的开发技术一定要与单片机的客观应用环境保持一致，使所有的新型技术都可以与传统技术实现完整对接，提高单片机装置的应用质量。软件设计工作需要从汇编语言开发这一关键性因素入手，优化、选择编译工具。软件设计的具体操作一定要保证与主程序框架图保持完整对应，并采用模块划分的方式，提升多路数据采集管理工作的运行水平，使程序的初始化设计可以达到单片机装置的应用要求，为提高单片机配置水平提供支持。全面加强重视数据资源集中采集管理工作，尤其要关注信息资源寄存管理措施，使更多的模拟数据资源实现信息资源的采集控制需要，为现有的数据采集系统满足信息资源的判断诉求提供支持。进行单片机数据资源显示管理的过程中，必须要重视电压运行原理的特点，以此保证单片机能够凭借精准的信息资源优化设计数据模块。电压的数据显示要与电压的调整原理相符合，以此实现程序调用方案的优化控制，并为提高温度显示水平提供支持。

（二）参数采集软件的设计

进行参数采集软件设计的过程中，一定要从单片机资源应用的实际特征出发，全面调查、分析软件资源的设计和应用价值，完整显现参数采集软件设计工作的主体价值，使单片机装置符合硬件资源的成本控制要求，使参数采集软件可以凭借其稳定性优势，满足参数采集软件成本控制的需求，为数据采集系统实现优化提供帮助。

明确单片机的应用原理，从数据采集系统应用的角度进一步明确单片机装置的应用策略，可以有效保证新时期单片机多路数据采集系统的应用价值得到进一步明确，并完整显现多路信息采集系统的设计价值。

第三节　基于单片机的环境控制系统

为了使密闭环境下的环境达到预定的状态，如粮仓里的生态环境、蔬菜大棚下的生态环境、养殖大棚下的生态环境等，一个丰富精确的生态控制系统被研发出来，经过理论验证和模型验证，本生态控制系统可以根据所需的特定环境来调节，使封闭环境内的生态系统趋于理想状态。

环境对我们都不陌生，适宜的环境能够让我们感到舒适；同样，不适宜的环境会让我们感到不舒适，甚至会造成更大的伤亡情况。同样，在一个系统中，当外界环境会引起不良响应时，就需要一个恒定系统来进行控制。在我们生活当中，存在着各种对环境有着严格要求的动物和农作物等。就拿粮库来说，想要使储存的粮食能够在关键时候发挥作用，就必须使其在正常情况下能够保持一个良好的储存状态，防止在使用的时候发生霉变等一系列不利因素，而想要使这种情况得以实现，就必须控制环境使其达到预期值。温度和湿度的变化对于植物可能会造成不开花结果甚至植株死亡的后果；对于动物可能会由于温度湿度的不适合引起细菌繁殖感染各种疾病。由此可见环境的改变会产生很严重的状况。

一、生态系统概论

现今对人们来说，温室大棚是再熟悉不过的以植物为主的生态系统，如何利用自动检测及自动控制系统对大棚的环境因子进行控制，以达到种植产物所需的环境，从而提高效益，对我国温室发展有着不可估量的意义。温室大棚作为一种高效的农业生产方式，与传统农业生产方式相比具有很大的优点。温室农业生产可以获得高产和优质的蔬菜、花卉、瓜果，不仅可改变这些产品按自然季节供应的模式，延长其供应期。温室农业可以改变传统农业劳动力冬闲夏忙的安排，以小面积获得高产。温室农业采用适时适量供水的优化用水同时配以微灌，可达到农业用水高效高产。这种设施系统可以从简易到全自动控制，适合各种状况下的选择，特别是对于日光温室、塑料大棚，相对投资较少。

二、方案设计

（一）控制系统原理

此系统原理是基于 ARDUINO UNO 单片机作为中央处理器来进行一系列的控制系统，

当传感器检测到外部环境与设定环境不相符时，处理器会自动根据传感器的反馈值做出相应指令，这时器件开始工作，使环境达到预定状态。

（二）系统工作流程图

本控制系统的基本流程为直流电源正负极同时连接电子降压模块 LM2596s，进行降压处理，输出低电压，给 ARDUINO 和各元器件供电。温度和湿度传感器将温度信号通过串口提供给 ARDUINO 数据并进行分析与处理，如果系统实时环境 t、rh 超出 T2℃、RH2（假设报警高温为 T2℃、RH2），通过所编程序对端口 a 赋予高电压，输出 1.5 ~ 2.5KHZ 音频信号，阻抗匹配器推动压片蜂鸣器发声，发出警告，同时红灯亮，通过端口 b 控制水泵进行冷水循环进行降温至 T2℃、RH2；如果系统实时环境 t、rh 低于 T1℃、RH1（假设最低温度为 T1℃、RH2），通过所编程序对端口赋予高电压，使绿灯亮，通过端口 c 控制加热模块进行升温直至 T1℃、RH1。

各类传感器（温度、湿度等）感知环境条件，得到有关环境的参数，通过 LCD 显示屏显示，并且将得到的各类与环境相关的参数处理后，判断系统的水循环需要升温或者是降温，得到控制系统升温或者降温的值，将反馈值传递给控制板，由控制板给出指令控制升温或者降温的动作。降温模块由降温水循环系统控制，升温水循环由控制板控制继电器的开合，进而控制加热快和加湿器，从而提升系统温度。同时控制板外接四个按键（个十位温度上升下降按键）控制温湿度区间（T1，T2）、（RH1，RH2）。报警系统由无源蜂鸣器和红色报警灯组成。

三、设备准备与排风

为了保证封闭环境的正常维持，排风系统是必不可少的。系统运用自然排风和机械排风混合的方法。自然排风是指在压差推动下的空气流动，在室内外空气温差、密度差和风压作用下，利用管道、风帽等进行自然通风。机械排风则是利用通风机的运转给空气一定的能量，造成通风压力以克服矿井通风阻力，使地面空气不断地进入井下，沿着预定路线流动，然后将污风再排出。两种通风措施有效的结合到一起，使效率最大化，更好的完善系统。

此系统通过模型效果来看，使用情况良好，现场设备的箱内湿温度变得可控和可视，随时可对失控的终端进行更换，大量减少劳动量，具有较好的应用价值。鉴于当前的基单片机的测控系统中，温度测控有着广泛的应用和成熟的技术，本课题在提出时同时基于另一个新颖的角度——温度测控。湿度测控虽然提出较早，但由于其应用的广度和技术的瓶颈，其发展速度有些滞后，除开在温室种植和大型重要仓库中有着重要的地位外，在其他地方往往得不到重视。定期进行现场校准，克服了湿度探头的准确性难以控制等难题，提高了温湿度控制精确的可信程度，提供重要环境保证。我们对该系统的应用前景十分看好，相信未来的对环境的测控中，温湿度测控有一个更科学、更智能、更好性能的发展。

第四节　基于 VHDL 语言的单片机设计

随着集成电路的飞速发展，电子自动化设计理念逐渐成为我国相关行业领域中不可或缺的内容，自动化发展成为电子领域发展的主流趋势，而 VHDL 语言是电子系统内的基础元素。文章先分析了 VHDL 语言与单片机，随后介绍了 VHDL 语言对于单片机设计的重要意义，最后介绍了利用 VHDL 语言进行单片机设计，包括定时器设计、UART 串口设计、CPU 模块设计、数据转换器，希望能给相关人士提供有效参考。

单品机是大规模集成电路重要载体，能够对电路运行效果产生直接影响，同时单片机的设计元素和整体结构还会对电子系统的运行状况产生一定影响，单片机是管理电子系统内部各个模块的重要内容，其内部的组合功能变化多样，可以改变系统内核，比如转变其工作时间、工作方法和引脚功能等，只有对其进行合理调整，才能发挥出良好的分配效果。

一、VHDL 语言与单片机分析

（一）VHDL 语言

VHDL 语言是美国国防部认定的一种标准硬件语言，在 VHDL 语言的标准版本推出后，各个企业也开始创建了属于自己的 VHDL 语言环境，提出设计工具能够和 VHDL 进行接口。因此在电子设计领域中，VHDL 语言得到了全面的认可，并逐渐取缔原有的非标准硬件语言。VHDL 语言已经成为电子领域的通用硬件语言，相关专家认为其会承担大部分的系统设计任务。VHDL 语言具有以下几种优势：①和其他的硬件语言相比，VHDL 语言描述能力更强，从而能够有效避开器件的具体结构，从逻辑行为层面入手，对大规模电子系统进行统一设计和描述。② VHDL 语言其自身的程序结构和行为描述能力在一定程度上决定了其具备设计重复利用和大规模的设计分解功能。VHDL 语言中的设计库、程序包和设计实体理念为并行和分解设计提供可靠支撑。③通过 VHDL 语言实施确定设计，可以通过相关工具设备实施优化和逻辑综合，同时将 VHDL 语言设计转化成一种门级网表，该方式打破了门级设计的限制，降低了电路设计错误率，节省了开发成本。通过逻辑优化功能，可以将综合设计转化成一种高速、小型的电路系统。④利用 VHDL 语言可以实施与工艺完全不相干的编程工作。VHDL 语言在进行系统硬件设计过程中，不需要添加工艺相关信息，因此也不会因工艺变更而导致描述过时问题的发生，和工艺技术的相关参数可以利用 VHDL 语言中的类属进行系统描述。

（二）单片机

单片机主要可以分成三种形式，分别是家电型和工控类、总线与非总线形、通用及非通用型。其中在界定通用型单片机和非通用型单片机的过程中，主要是根据单片机适用范围进行确定的，通用型的单片机并不是单纯为了某一功能和作用设计的，而是需要有效适用于各个领域范围。专用型单片机则是针对其中的某一单独功能进行设计工作的，至于总线型单片机和非总线型的单片机主要是通过并行总线的存在进行划分，总线型单片机具体包括地址总线、数据总线、控制总线等内容，而非总线型单片机则是集成外界器件和外设接口。家电型单片机与工控类单片机可以按照应用领域的差别进行界定，通常情况下来说，工控类的单片机其寻址范围更大，同时运算能力更为突出。家典型的单片机正常情况会设置有外接口，对于外围器件拥有较高的集成度，拥有小封装和价格低廉等特征。

二、VHDL 语言对单片机设计的重要意义

在所有的硬件描述语言当中，VHDL 语言具备突出的作用和十分强大的功能，可以通过逻辑语言来描述硬件设备中的内部结构、主要功能和工作原理等内容。VHDL 语言在实施模拟的过程中，还会应用相关模拟软件，同时在自动设计系统内，VHDL 语言呈现出一种输入设计形式。VHDL 语言应有优势突出，比如方便程序复用共享、无关器件进行设计描述、移植能力强、硬件描述水平高、语言功能突出、设计形式多样等特征。单片机则具有体积小、质量轻、价格低廉、使用便捷等优势，在智能仪表和实时工控中的应用比较频繁。传统程序设计中的语言执行价值比较高，但在现实执行操作中，单片机一旦出现故障问题，便会导致无法修复。而 VHDL 语言可以对其中的故障问题实施纠错处理，在系统整体运行过程中，具备良好的运转状态，此外，还可以向系统中的数据处理模块进行数据实时传送，利用一个接口便可以促进多功能模块衔接。除了能够影响单片机的结构形式之外，VHDL 语言中的程序化还会影响单片机内的电路设计工作。

三、利用 VHDL 语言进行单片机设计

（一）定时器设计

科技的发展促进了商品市场中的竞争发展，因此从产品研发层面进行分析，能够发现各个软件开发过程中拥有一定的独立性特征，因此在设计定时器的过程中，也可以结合已有的设计思路来科学划分功能，实施裁剪操作。VHDL 语言能够利用两种独特的寄存器对管理状态和运行状况进行综合控制，利用信息传输实现远程操作的目标，操作内容和相关原理主要体现在定时器设计观念上。语言融进功能设计体系，通过信号输入便可以对定时器数据库进行重新配置，把传统信号形式转变成一种标准化格式的控制信号。在 VHDL 语言实现过程中，主要是通过三种模块实现的，第一种模块是在信号成功输送后，实施信号的转换和储存。第二种模块是对脉冲输入信息实施采样操作，从而生成计数器和定时器的工作控制信号。第三种模块语句是计数器和定时器中的主要组成部分，通过前两种模块

提供的控制信息运行发展，因为信号的差异，其相对的操作内容也存在一定不同，从而对定时器进行全面控制。

（二）UART 串口设计

RAM 储存器能够有效储存单片机中的实时数据，同时根据程序堆栈区对各种数据信息进行合理划分。从信息储存容量层面分析，CPU 与 RAM 设计单元组成结构之间并没有出现太大的差距，因此 RAM 单元和单片机整个模块接口是一种互相连接的关系，RAM 信息容量和应用环境之间并没有太大的联系。

ROM 单元主要是负责处理单片机中的固定常数和固定程序，分析表格数据信息，和 RAM 单元相比，ROM 单元的主要差异在信息储存容量和储存功能上，ROM 单元在系统运行时，可以随意更改信息的存储地址和信息容量。正常情况下，一旦信息的存储容量超出十六位，单片机便会自动实现功能跳转。

通过 FIFO 单元能够对逻辑电路进行精确设计，FIFO 单元结构设计通常应用库元件直接调取例化的方法实施，在库元件无法满足电路设计条件的情况下，VHDL 语言便会对设计语言进行自动化调节，同时联合其中的功能模块，系统研究语言设计中心。单片机中引入 FIFO 单元，在逻辑电路设计和语言设计等领域中更加突显其应用的多样性和灵活性优势。

（三）CPU 模块设计

CPU 模块中的核心内容是 ALU 单元，其可以顺利执行多种信息命令，把各种运算法则轻松添加到单片机系统内，如差异检测、逻辑运算、加减乘除等内容，上述几种运算形式都可以在 ALU 单元内实施。由此可以看出，CPU 模块设计工作的具体内容即进一步强化 ALU 单元中的命令转移功能，结合多种算数法则把信息快速引进单元结构内，利用间接运算的方式实现逻辑运算和推理。控制单元能够发挥控制器的作用，在控制单元的综合控制之下，能够实现单片机原始数据输入、信息交换、CPU 内部信息处理等操作。在设计过程中，控制单元需要完成微操作控制、时序控制、指令译码等内容，具体设计方法是有限状态机设计，利用状态变化实施信号的微操作，从而执行具体的命令指示。VHDL 语言实现主要是利用两种具备特色功能的寄存器状态标志实施中断响应。

（四）数据转换器

在单片机中数据转换器的应用次数较为频繁，是一种信息处理系统，可以把各种数字化的语言变成多种元素组合而成的模拟信息量。单片机中的分立元件相对的应用规范和具体功能存在一定的独立性，因此单片机在设置数据转换器时，应该赋予功能一定的独立性，在最大程度上发挥出设备的应用价值。转换器会将信号输送至信息处理终端当中，随后数据处理程序便会实施复位处理，将信息划分成工作信息和控制信息两种形式。上述两种信息经过滤波器，可以对其可靠性和真实性进行准确辨别，在确认数据的真实性后，系统便会把相应的信号传送到 CPU 管理单元内。

综上所述，单片机设备的应用范围十分广泛，同时在电子集成电路中发挥着重要的作用，VHDL 语言属于一种硬件语言，拥有突出的使用优势，结合 VHDL 语言进行单片机设计，可以促进其应用性能的有效提升，提高单片机的应用效果。

第五节　基于单片机的校园安防系统研究

学校是国家培养人才的重要场所和机构，学校的安全也受到越来越多社会人士的关注，随着我国高等教育改革的不断深化，对校园的安全管理也提出了新的要求，本项目以此为立题依据，考虑到学校的特殊性以及综合经费情况，参考国内外关于小区及校园的安防系统研究，旨在基于单片机建立一个相对完善且经济实用的校园安防系统。

高校占地面积大且相对开放，人员流动量大。校园内设教学楼、行政楼、图书馆、体育馆、学生宿舍等建筑，建筑呈现多样性，且对安防的要求不一。再者学校安防管理人员有限，依靠安防管理部门预防险情是不切实际的，因此还应该配合校园安防系统，实现以预警为主，后期处理为辅，实时确保学校的财产和生命安全。

为实现校园安全管理的任务，本节提出一种基于单片机的校园安防系统。系统包含视频监控、报警管理、车辆管理、人员管理等功能，同时还应实现数据的实时传输，以单片机为中央处理器，能够进行防火防盗，处理各种突发状况。

一、总体设计

本系统是以高校校园为设计主体的基础整体防护系统，系统包括视频监控系统、报警管理系统、车辆管理系统、人员管理系统等。本系统以 C8051F020 单片机作为中央处理器，以 CP2200 芯片作为网络控制芯片，具备视频采集模块、防入侵模块、火灾探测模块、显示模块、温湿度采集模块、数据传输模块等功能。系统通过前端设备进行检测和数据收集，将采集信息传输给核心模块，核心模块按照预先编译的程序将收集的信息进行处理和保存，再通过数据传输模块将数据报告到监控中心，监控中心远程给出下一步指令或通知相关安防管理人员进行处理。

二、系统模块设计

（一）主控模块

本设计综合考虑了资金、功耗以及稳定性等多方面因素，最终确定 C8051F020 单片机作为系统的核心器件。C8051F020 采用了流水线处理结构，时钟系统更加完善，运行速度更快，能够满足安防系统信息的实时处理[2]。C8051F020拥有8个8位的输入/输出端口，大量减少了外部连线和器件扩展，满足了对视频采集模块、防入侵模块、火灾探测模块、显示模块、温湿度采集模块、数据传输模块等模块的端口分配，有利于提高可靠性和抗干扰能力。另外C8051F020内部还带有数据采集所需的ADC和DAC，且外设增添了三个串行口，能充分满足系统对主控模块的要求。

（二）视频监控模块

校园安防系统的构建主要是在校园主要路口，建筑物门前及走廊内安放摄像探头，由于所采集的信息量巨大，单片机的存储容量小，因此单片机主要承担将采集到的信息传输给控制中心，由控制中心对接收的数据进行分析和存储。本次设计采用网络化的视频采集方式，视频监控模块主要由前端检测设备、单片机和控制中心组成。前端摄像机采集图像，将收集到的信息传输给单片机，单片机将数据传给控制中心，控制中心发送指令，使单片机控制前端设备按照要求调整监控角度。

（三）防入侵模块

防入侵模块主要针对学校的一些重要场所，通过安装报警探测器识别是否有入侵者，根据应用场合和用途以及元器件的功耗和价格，本设计采用热释电红外线传感器。当发生入侵时，红外探测器检测到人体发出的特定波长红外线，产生报警电信号，核心单片机接收到电信号并对电信号进行分析，若满足报警条件，则控制报警装置工作。报警装置以声音报警为主，由蜂鸣器、电容、电阻组成，单片机通过异步串行口传输信息驱动报警装置。当险情处理完毕或发生误报时，可通过复位电路恢复防入侵模块的正常工作。

（四）火灾探测模块

校园中针对火灾发生的应对方法有很多，比如室内消火栓系统、自动喷水灭火系统，而火灾的发生不仅容易威胁人身和财产安全，还易造成人员的恐慌，因此校园安防系统需设置火灾探测模块。本设计火灾检测模块的前端检测设备为光电感烟探测器，当检测到烟雾达到设定的数值时，将数据传递到核心芯片，核心芯片将信息传递给控制中心，同时发出报警，通知相关管理人员前往处理。

除了利用感烟探测器检测外，还可以通过自动喷水系统或室内消火栓系统发出报警信号，当发生火灾时，自动喷水系统喷头受热开始喷水，水流使水管内压力变化，水流传感器感受到水的流动发出报警信号。

（五）显示模块

显示模块用于发生险情时显示险情发生点，但由于校园险情发生情况不多，因此显示模块可能被闲置，因此设计显示模块可用于显示日期时间以及日常环境的温湿度。本系统选用的C8051F020单片机输入输出接口较多，但仍可能发生需要扩展外部接口的可能，因此显示模块选用 CH451 芯片来扩展显示键盘接口。CH451 芯片占用接口少且传输速度快，能很好地减少模块的复杂性。

密码程序是当处理险情后或发生误报时停止报警使用，将人为输入的密码与预先设定的密码进行比对，若密码正确则取消报警，若密码错误，则给出密码错误警告并判断错误次数是否超过三次，若超过三次或超过输入密码时长则继续报警。

（六）温湿度采集模块

温湿度的采集可以给安防管理人员提供必要的数据，根据这些数据可能更好的判断各个采集点的状况。本设计采用 SHT11 传感器来检测温湿度，SHT11 传感器测量精准度高且精度可编程调节，内置 A/D 转换器，可将搜集到的温度和湿度信息转换为数字信号。传感器在温度湿度较高的环境下可能会造成敏感度下降，影响测量数据的精确度，但 SH11 芯片上集成了一个可通断的加热元件，能很好地避免凝露现象，但后期测量的数据需通过公式进行修正，否则容易造成偏差。

（七）网络传输模块

网络传输模块将系统中各模块采集的信息维系起来，单片机通过网络传输模块将收集的信息传输给控制中心，等待控制中心进行信息处理和命令下达。本设计选用 CP2200 作为网络控制芯片，CP2200 集成了 IEEE 802.3 以太网媒体访问控制器、10BASE-T 物理层、8kB 非易失性 Flash 存储器，通过 CP2200 能实现以太网智能节点硬件到软件的设计，发挥出强大的通信与数据采集以及控制功能。

三、系统软件设计

系统中各模块除了必要的硬件部分以外还需要软件的配合，比如对前端设备检测的数据进行存储和处理、核心部件对前端设备的控制、显示模块的分时复用等都需要软件来实现功能。

（一）核心程序构建

单片机采用外部晶体作为系统时钟，当无险情发生时，显示模块用于显示当前时间和温湿度，因此在单片机和 CH451 初始化后需设定每秒刷新 CH451 以显示当前时间。同时，各模块可通过中断，申请提取采集到的数据，按照中断的优先等级，单片机进入到中断子程序中响应相应的请求。

（二）温湿度模块构建

温湿度模块通信采用串行二线接口 SCK 和 DATA 分别作为时钟线和数据线。采集过程为：初始化 SHT11 →与 SHT11 建立通信→传感器读取温度→送入 CH451 显示当前温度→传感器读取湿度→送入 CH451 显示当前湿度→判断按键是否松开→返回。

（三）密码程序构建

视频采集程序主要实现将采集的信息传输给控制中心以及实现控制中心对前端检测设备的控制。前者可通过网络传输模块的传输协议实现，后者则需通过单片机来实现，实现的基本流程为：单片机初始化→接头控制代码→预置调用→判断功能→调用→调用位置→检测当前位置→与所调位置的对比→判断中间的差值→方向操作→返回。

（四）火灾报警程序构建

火灾报警程序通过前端烟雾传感器采集到的数据与预先设定的烟雾最大值进行比对，并综合采集到的环境温度来驱动报警，当同时满足这两个条件时驱动报警并进行灭火动作，当任意一个条件不满足时，继续监控，不发生报警。

（五）视频采集程序构建

CH451 芯片与单片机的连接主要用到的四个引脚，分别是串行数据时钟线 DCLK 连接 P6.0 端口、串行数据输入线 DIN 连接 P6.1 端口、串行命令加载线 LOAD 连接 P6.2 端口、串行数据输出线 DOUT。同时使用到 RST 和 RST# 引脚用于实现复位功能。

（六）防入侵程序构建

防入侵程序通过不断地检测是否有报警信息实现入侵报警和地点的判断。单片机初始化后开始进行循环检测判断有无报警，若检测到报警则经过延时再次检测该端口，若仍检测到报警则显示报警信息并发出报警信号；若没有检测到报警则继续循环检测。

本节主要介绍了基于单片机的校园安防系统的设计，分别从硬件和软件两个方面介绍了系统的视频采集、防入侵、火灾探测、显示、温湿度采集、数据传输等模块的设计，为校园的安防管理提供了便捷。但由于资金以及时间的限制，本系统有些功能未达到预期效果，还需进一步加强，系统也可通过进一步开发更加完善。

第六节　基于单片机的数据串口通信研究

随着信息化和工业化的快速发展，单片机相关技术也迅速发展。随着多媒体计算机信息技术的不断发展，单片机技术被广泛应用于多种行业。单片机是一种快捷、方便及效率高的微型处理器，可连接 PC 机串行接口，以完成与外界设备的通信，如检测系统。单片机是控制系统的核心所在，其通信效率的高低直接影响单片机的广泛应用。因此，深入研究了基于单片机的数据串口通信，有效评价了各通信方式的不同，分析探讨了单片机串行通信的设计，总结了数字技术与单片机的应用。

目前，传统单片机在实践中存在功能简单、难以管理的问题。由于单片机具有集成度高，体积面积小，抗干扰能力强及可靠性高等特点，被广泛运用于各行各业。结合单片机和 NCL，可得到具有独特效果的通信系统。

一、数据串口通信的概述和方式

数据串口通信具有独特的理论和分析方式。数据串口用于联系计算机和通信，并充分发挥两者特点。串口通信是连接数据信号线和数据控制线，并最终实现多样化结合。此外，利用多样化线路可有效连接外部计算机和部分电子设备。数据传输采用大数据传输形式，是一种简单快捷的通信方式。数据的串口通信是在串口上以字节的形式进行相关数据的发送和接受，然后确定步骤位置实现通信。此通信方式不仅数据线少，节约成本，还可进行远距离控制和远距离通信。实现数据串口通信需要具体的参数指标，如波特率、数据的奇偶性。

（一）同步通信方式

同步通信对通信双方的时钟频率要求较高，以时钟的同步保证通信的稳定建立。发送方和接收方分别连续发送和连续接收同步比特流。同步方式包括两种。第一，网络同步。通过自定义的网络连接和世界主时钟达成一致，以保持整个网络节点的准确性。第二，时钟同步。节点之间的时钟在实际操作中可能存在一定轻微误差，但可以使用其他措施来实现同步传输。同步通信处于高速发展阶段，其传输介质主要是"帧"。数据传输的起点和终点即为帧的起始位置和终点位置。同步通信方式的本质是字符的结合与传输。通常，将同步通信字符的起始点设置在数据板块的前方，同时数据板块的后方连接大量的字符，字符均无间隔。同步通信引导下的数据板块传输需实现发送端和接收端的同步运行。同步通信可快速提高通信效率，但也存在不稳定因素，如不同字符数间的波特率不同。

（二）异步通信方式

异步通信时，数据通常是以字符帧为单位进行传送的。字符帧也称数据帧，由起始位、数据位、奇偶校验位及停止位 4 部分组成。串行通信中，发送端逐帧发送信息，接收端逐帧接收信息。两相邻字符帧之间可无空闲位，也可有若干空闲位。这种类型的传输通常是一个小的分组。例如，一组字符具有该组的起始位和结束位。由于添加了大量辅助位作为负载，因此这种传输方法的效率相对较低。异步通信可缓解数据接收双方的时间差异，降低双方的延迟率。异步通信的缺点是数据传输速度和数据传输效率的降低。

二、单片机串行通信的设计

单片机串行通信一般用于实现与外部设备交换数据，实现与上位机的通信。例如，工业现场有很多具备串口通信功能的端表，可在中控室随时读取表的运行状态和相关数据，及时发现异常，实现了工业自动控制。某些用户可根据实际情况，在串口上添加光电隔离电路，以保护端口。

（一）串行通信的数据通路形式

单工形式、全双工形式及半双工形式是串行数据通信的三种通路形式，依据各自不同的特点达到通信效率的最大化和损耗的最小化。单工形式的数据通路，其通信的建立仅需一条数据线，要求在数据传输过程中通信双方必须保持规定的接收频率，一方固定为发送端，另一方固定为接收端。单向传输可降低损耗，适用于对通信要求不高的设备。全双工形式依托通信双方均安装有发送器和接收器的便利，能快速实现数据的双向传输，在交互过程中能实现同时发送和同时接收。如果要实现全双工形式的通路建设，必须有两条数据线以保证传输速率。根据半双工形式数据传输通道的不同，可选择一条数据线或者两条数据线实现通信。该形式的最大特点是数据只能选择任意一方进行发送，不能同时发送。

（二）通信过程分析

通信数据的传输需规范发送行为，确定数据板块存在的数据和信息，寄存在数据寄存器，然后进行转换，及时校正传输的数据。数据传输时，寄存器也同步完成自身传输工作。数据传输完成后，逻辑控制器有效控制单片机的传输过程，并及时传达命令，最终带动整个数据传输进程。现阶段，单片机可检测帧的传输方式，通过命令等联系控制器进行数据传输。通过串口通信协议也能发送信息，但需通过二进制换算和已有的逻辑顺序来传达单片机的具体信息。

三、单片机的应用及与数字技术的结合

现阶段，单片机已被广泛应用。虽然单片机没有可以进行交换的界面，但是通过与控制系统融合，可在线输入和编写控制程序，加强任务管理，减少功耗，加强抗干扰水平。单片机的应用主要体现在以下三个方面。第一，工业行业。单片机是设备的重要元件，可用于提升设备工作效率，控制企业成本。第二，单片机技术具有控制功能。单片机技术与其他技术的融合，实现了信息交互；在单片机的基础上加强自适应，广泛应用于自动报警和故障识别等方面。第三，数据工具。单片机是串行通信中分析数据和转换数据的工具。

单片机是微型计算机，内存、能力和能耗存在一定限制，制约了数据的处理。单片机技术和数字技术的结合可拓宽技术适用范围，设计中应满足以下要求。第一，可靠性和质量。混合设计不能随意搭配。市场上虽然存在较成熟的单片机，但是其产品质量并不相同，生产工艺和设计能力影响产品功能。第二，安全性。大部分智能产品主要应用于敏感领域，如监测火灾等，因此对产品的可靠性和安全性提出了较高要求。第三，共享数据。大数据环境下，人们越来越重视共享数据，后台处理也更加模块化，因此对功能的多样性提出了较高要求。单片机可实现多样性功能，可使用更多的串口连接其他设备。

随着时代的快速发展和信息化技术的不断进步，传统单片机已无法满足现实要求。专

业技术人员必须加强单片机与单片机内部结构的设计，并严格按照有关说明进行正确设置和严格处理，以提高整体系统的运行效率与运行稳定性。单片机的集成度高，数据信息块完善，广泛应用于各领域。通过 PC 端口与单片机通信，完成数据传送，提高了企业的发展速度，促进了经济社会的稳定进步。

第七节　基于单片机的温度控制系统研究

随着我国经济社会的发展带动企业的大力发展，各种机械设备层出不穷，机械在运行的时候，为了保证安全性和机械的有效使用率，对机械设备的温度控制是十分必要的，因此如何运用有效的温度控制设备，进行对设备运行温度的快速测量，并将数据做到准确的传输与反馈，保证对实测温度有效地进行分析与调整，是现阶段我国温度测量工作的工作要点。当前我国使用的温度控制系统主要是利用单片机对温度采取的控制，基于单片机的温度控制系统操作灵活简便，同时能够最大限度地为温度的测量提供准确的数据，因此它被应用在我国较广泛的生产企业中。

一、基于单片机温度控制工作原理

单片机顾名思义，就是指单片的微型计算机，它是一种利用信息技术进行设备温度测量的设备，它具有与计算机一样的多种构件及接口，单片机的构造是由大规模的集成电路组合而成，其外形比较小巧，操作应用都较为便捷，但是功能却十强大，几乎可以涵盖计算机的所有功能，能够精准地完成不同的温度测量与控制的任务，结合单片机的构造与使用优势，它如今被越来越广泛的应用于各大企业中，不仅是因为单片机机体造价较为低廉，而且工作效率较高，能够有效地改善企业温度控制工作的劳动条件，节约企业不必要的成本支出，进而提升企业的生产效率，提高企业的生产力。以往的温度控制系统主要是采用纯硬件的闭环控制系统，该系统的优点是运行速度十分快，但弊端是在运行测量数据的可靠性方面不理想，往往数据提供的准确性较差，而且此设备的灵活性也较差，在线路安装以及调试的过程中都会面临很大的困难，因此在应用上有较大的局限性。而采用带有 IP 内核的 FPGA 或 CPLD 方式，就是利用 FPGA 或 CPLD 完成温度数据的采集、存储、利用 IP 内核实现计算机与人的交互模式，这种方式运行对复杂的测量与控制十分实用，但是程序应用复杂，成本也较高，在温度控制系统的应用上也不适用，而采用单片机温度控制系统，可以有效地避免上述系统运行中存在的弊端，而且在数据的测量与提供上，能够最大限度地保障准确性，因此在如今的企业温度控制系统设定上，被广泛地使用。

二、单片机传感器的选择与温度控制采用的方法

单片机传感器的选择对于温度控制系统的设计是有重要的意义的，传感器的选择会决定温度控制系统运行的质量和准确性，不仅要满足系统基本操作的要求，同时还要具有性价比高的特点，在基于单片机温度控制系统的运行上，在单片机的选择上，是按照单片机的使用范围来区分的，例如80C51式单片机是通用型的单片机，它的应用范围最为广泛。

我国如今的绝大多数企业在温度控制系统中都是采用的这种机型，它的存在不是为了某种专门用途而设计的，如果是为了特殊领域而设计的单片机，就要在内片集成 ADC 接口等功能的温度测量控制电路，例如电子体温计的温度控制要求等等。另外按照单片机是否能够提供总线也可以进行区分，总线单片机型在企业温度控制系统中是较为普遍的设置。在传感器的选择上，在通用 80C51 式单片机的应用上采用的是 DALLAS 半导体公司生产的数字温度传感器 DS18B20，利用传感器采集设备运行温度数据，其应用优势明显，体积较小，接口灵活，并且在运行中能够最大限度地扩大传输范围。

三、基于单片机的温度控制系统研究

（一）温度控制系统硬件的开发

在温度控制系统硬件的电路开发上，单片机的应用是最广泛的也是最重要的，单片机是硬件电路开发中的主机，除单片机以外，该系统硬件的开发还需要将两路传感变送器以及多向开关进行综合配置，需要 D/A 转换器或 V/I 转换器和调节阀等设备的配备，以上硬件开发所需要的基本设备都进行完善与配备齐全之后，方可进行温度控制系统硬件的开发，这是系统运行的基础，进而才能够最大限度的实现温度的有效控制，在系统运行的过程中，要根据不同的使用条件，可以灵活的增加一些其他的硬件设备，目的就是使温度控制系统在运行的过程中，最大限度的为其提供简单便捷的工作程序，使温度控制系统在温度数据测量和提供的过程中，能够最大限度地保证数据提供的准确性，例如可以增加报警电路和显示器等等，通过报警电路可以及时的发现在设备运行过程中由于温度急速升降而给生产带来的干扰因素，报警系统可以将一切风险防患于未然，而显示器的设置是通过对数据的及时传送，引导工作人员及时调整温度控制系统，使设备运行的温度控制在一个科学合理的范围，并时时掌握数据变化，可以说灵活增加一些其他的硬件设备，为温度控制的高效性提供了保障。

（二）温度控制系统的软件设计

基于单片机温度控制系统，软件设计通常采用的计算机语言都是 C 语言，并且该软件的设计一次性地涵盖了多种功能，在温度控制软件系统运行当中，计算机软件首先会对所有系统模块进行初始化的处理，通过初始化还原设置的处理完毕之后，再针对不同模块在

工作中的具体应用进行分析，再做重新设置与规划，对于在设备运行的过程中出现的问题再进行具体的调整，在查询方式上，应用的是循环查询的方式，循环查询的方式应用在温度的测量与控制上非常适用，可以更高效的实现温度数据的测量收集，进而最优化的实现温度控制，在温度控制软件系统的运行中，软件的主要功能就是对设备运行温度的显示，从而将单片机测量出来的不同温度进行调配，将其调运至不同的子程序中去，在完成输送后，温度控制系统就开始运行，将测定的温度与系统运行的数据之间做对比，进而做出温度控制的判断。

总之，就我国企业现阶段的发展来看，基于单片机的温度控制系统被广泛地应用，并且有较大的发展空间，该设备系统操作简单灵活，对温度数据的采集与输送又十分便捷，同时可以根据之前所指定的温度对温度做出调节，并且成本低廉，为企业最大化的节省了成本的支出，值得大力推广。

第八节　基于 51 单片机的智能家居设计

在智能家居尚未出现在人们的视野之前，人们对其并没有深入的了解，觉得这在人们的生活当中是无足轻重的。为了改变人们对其的片面化的观点，文章设计了简单方便，容易操作，并且和生活实际联系在一起的智能化家居系统。该设计是以 STC 89C51 单片机为调控系统，用烟雾传感器和温湿度传感器进行检测外部环境，通过按键来调节系统的烟雾浓度上限值以及温湿度的初始化设置，并利用 LCD1602 液晶显示屏对外部环境进行实时显示。本系统还对家用电器有着开关控制功能，当发现异常状况的时候，将会自动报警，并且自动打开门窗给人逃生的机会。

当今社会，随着经济的不断增长，人们的生活质量也得到了提高，人们对更高级的生活产生向往。除此之外，科技水平也不断地得到提升，生活中在不断加入新的科技，这些无不都向人们宣告着智能不再是一种幻想。与传统的家居大相径庭的是，智能家居非常方便，它可以给人们多种智能化服务，这样满足了人们各种各样的需求。举个例子来说，就算我们身在遥远的公司上班，我们也可以操作家里的浴缸，这样的话，我们回家就可以洗上温度适宜的热水澡而不用回家再进行操作了。还有，我们可以通过远程监控监视家里面的一举一动，这样就大大减少了入室抢劫的安全隐患，"防火防盗"不再是令人非常棘手的问题了。通过智能家居的使用，财产以及生命安全的隐患也就大大减少了，人们就可以安心地生活了。因此，智能家居的市场还是很广阔的，一方面适应了时代的发展潮流，顺应了时代发展趋势，另一方面，它反过来又拉动了社会经济，以此推动经济增长率的提高。

一、系统的总体设计

（一）总体设计思想

本设计主要采用 51 单片机为核心而做的智能家居控制系统，设计中包括了对家庭中的温度、湿度、烟雾浓度等信息的检测和控制，还有在温湿度和烟雾浓度达到上限值的时候门窗会被开启。这里我们用 51 单片机为主要的操作系统，外部传感器为检测的元器件，其中我们用到了步进电机、MQ-2 烟雾传感器、按键、DHT11 温湿度传感、蜂鸣器、继电器等外用模块。通过按键控制继电器的开关也就是控制烟雾传感器的开关，当然，按键还有其他功能，它还可以对温湿度和烟雾浓度达到上限值和下限值进行调整。输出由 LCD1602 液晶屏进行显示。然后介绍传感器模块，首先是烟雾传感器，因为这里我们用的是 MQ-2 烟雾传感器，虽然它对可燃气体的检测更为灵敏，不过为了方便，此处我们用纸点燃后的烟雾进行测试，在检测到烟雾后输出高电压，而没有烟雾时处于接地状态，即为 0 V。接下来是温湿度模块，因为它能直接测量温湿度，所以它上面有两个元器件，这样增加了程序设计难度，为此，我们特意给它分档写了一个程序。在这里，我们是通过传感器进行 AD 模拟信号采集数据，然后再反馈给单片机，因为在此之前我们就已经设定好限制值，这样单片机就可以通过数据直接进行比较。

根据我们的连续检测，温湿度传感器对温湿度进行实时的信号采集，以及烟雾传感器对气体烟雾浓度的监测，返回的信号再由单片机进行判断，然后判断是否需要进行报警。报警也是由单片机进行控制，蜂鸣器进行反应产生蜂鸣。整个设计电路简单合理，通过单片机控制各个外用器件，使其应用简单。

（二）系统总结构

为实现设计较简单的信息获取自动处理系统，我们设计的系统包括 4 个模块：① STC89C51 系列单片机控制模块；②信息获取模块；③ LCD602 液晶显示模块；④报警模块。

根据智能家居系统的要求，我们在此做了一个数据处理系统。系统中 STC89C51 系列单片机控制模块主要是对传感器信号进行回应，以及进行液晶显示的程序控制。传感器模块主要是用于感应温度、湿度、烟雾浓度变化，并形成高低电平进行信号传输。LCD602 液晶显示模块主要用作对温湿度以及烟雾浓度进行显示，还有对继电器开关状态进行显示。报警模块主要是对环境温湿度和烟雾浓度的上限值进行检测，以及预警处理，达到上限值蜂鸣器响。并且为了更好地调控电路的设计，所以我们增加了对继电器以及步进电机的控制。

（三）系统设计原理

要使单片机能够工作，就要给它一些基本的电路成分，以下是它们的组成部分。

1. 电源电路

电源电路通俗来说就是给电路提供电力，使电路通电，然后单片机就能处理数据，在单片机最小硬件系统电路中，VCC 接 +5 V 的电源，叫作电源正极，GND 接的是地，也称为电源负极。

2. 时钟电路

时钟电路是由振荡产生的电路，但是它产生的振荡是按照时间顺序进行排列。然后通过振荡的频率输出一个时钟信号，再由单片机处理这个信号。在时钟电路中我们还要在晶体旁边接两个电容，这么做是为了产生谐振回路，而且根据电容三点式分布，可以给我们的电路进行分压。

3. 复位电路

复位电路通俗来讲它就是电脑的重启，也就是将我们的电路重启到初始状态。

在外围电路就几个应用，而主要应用是在每个功能传感器之间依赖于从外部获取模拟信号，然后再在单片机的控制中心进行数据的处理，我们的模拟信号被单片机处理完后，会首先给报警电路一个控制信号，然后电路自动进行报警，并且将温湿度的数据以及烟雾浓度数据传送到显示电路中。在该课题的系统中，设计的单片机较为复杂，因为我们要将各种感应模拟信号和数据处理的算法都交给单片机处理，这样我们在设计程序电路的时候不仅要考虑到单片机内存问题，还要对单片机的管教进行合理分配。

本系统所用的基本原理就是利用单片机实时监控传感器模拟信号来判断是否发生火灾并作出相应的信号处理，这样就达到时刻预防意外的发生，并对它做出及时的处理，起到智能家居的效果。设计分为几个板块：首先是信号检测板块，分为防火的烟雾传感器模块还有温湿度检测模块。我们对烟雾传感器设了极限值，当烟雾浓度和可燃气体浓度超过了设定的极限值时，电路就会输出一个低电平信号，这样就会蜂鸣器报警，步进电机也会正转打开门窗。其次是显示模块，用于设定极限值，以及对环境温湿度进行显示，它内部自带字体能够同一时刻显示两行 16 个字。1602 的意思是 16 列 2 行。监控板块和信息处理板块合在一起，有效地实行智能化。

二、软件设计部分

（一）主程序

主程序作为程序的灵魂，分析它不仅可以总结出切实可行的方法，还能得到以后需要注意的问题。在本设计中，主程序完成了对 1602 液晶显示和 AD 的初始化，然后将温湿度检测到的数据进行实现，并将收集到的 AD 值转化成燃气值，主程序还操控着按键程序的运行。刷新程序单片机初始化完成，I/O 口的初始化主要关闭继电器和蜂鸣器，按键扫描在此中断程序中即使是空闲也一直在执行。

（二）键盘执行程序设计

键盘模块的程序根据扫描来执行预先设定的子程序，此程序在接收和输出按键的键值，然后对该按键进行查询之后再执行相对应的按键程序。我们现在设定的 3 个按键功能如下：按键 1，菜单切换按键，在主页面和设置界面来回切换。按键 2，控制继电器的开通，即控制家用电器的开启在设置界面为加键。按键 3，控制继电器的关闭，即控制家用电器的关闭在设置界面为减键。

毫无疑问的是，智能家居已经成为一种不可扭转的社会趋势，我们要顺应这股"智能家居"的潮流，不断涌入这股潮流当中，为其生存与发展贡献出自己的一点微薄之力，从而促进社会与人的发展，促进经济的发展，不断推动产业结构的优化与调整，逐渐增强我们国家的凝聚力以及向心力，进入世界强国之列。然而，智能家居还存在着很多的问题与缺陷，说明我国的智能家居还是不完善的。这还需要研究者们加大研发的力度，同时也需要国家的政策等方面的大力支持。只有这样，才能促进其健康全面的发展，更好地服务于社会主义现代社会，为国家的社会主义建设贡献出自己的一分力量，做到真正地为人民群众服务。

第九节　基于单片机的鱼缸温控系统设计

本节在单片机的基础上对鱼缸温控系统进行设计，使鱼缸具有温度检测、自动控温等功能，从而提升观赏鱼的成活率。

一、鱼缸温控系统总体方案设计

（一）系统功能与总体结构

随着互联网的发展，人们获取信息的渠道越来越多，对观赏鱼的饲养愈加专业，因此，传统的鱼缸已经不能满足当前热带鱼饲养的需要。虽然，当前市场上具备温度调节、制氧、喂食等功能的鱼缸非常多见，但大多数鱼缸都是非智能的，不能根据具体情况进行控制，只是一个整体的控制系统。因此，基于单片机对鱼缸的温控系统进行设计，可以使鱼缸对温度传感器收集的数据进行分析处理，并能够根据实际情况对水温以及蜂鸣器、指示灯进行控制，从而打造一套完整的鱼缸温控系统。

在当前阶段，热带鱼逐渐成为观赏鱼市场的主要品种，而热带鱼对水温等环节的要求非常高,例如:宝莲灯鱼,它生存的适宜温度是 24 ~ 26℃,当水温高于 30℃或低于 20℃时宝莲灯鱼也能存活一段时间,但是当温度长期处于异常时,就会影响宝莲灯鱼的成活率。所以,当水体温度超出 20 ~ 30℃的范围时,基于单片机的鱼缸温控系统就会报警,从而启动蜂鸣器,使指示灯闪烁。除此之外,鱼缸还设有按键,以方便人们对温度进行手动调节,为热带鱼提供更好地生存环境。因此,为使鱼缸的温控系统满足设计要求,基于单片机的鱼缸设计应具备温度检测单元、控制单元、警报单元、按键单元、屏幕显示单元。

(二)系统功能的组成

鱼缸智能系统的设计与开发,包含很多重要的子系统,其中最重要的就是温控系统。因为鱼缸的温控系统为鱼缸内各种鱼类及水生植物的生长提供了良好的生存环境,维持了鱼缸内的生态平衡。温控系统又包含很多控制单元,如:对水体进行自动加热、通过制冷来降低温度保持恒温,自动充氧保证鱼缸内水体的含氧量充足、自动控制水位等。这些控制单元都具备信号输入控制输出的功能,它们通过与其他子系统进行数据的分享和传递,形成了一个完善的智能系统。

(三)鱼缸温控系统的设计要求

在对鱼缸温控系统进行设计时,应满足一定的设计要求。首先,为了保证鱼缸内的各种鱼类及水生植物的健康生长,需要维持鱼缸内的水位、水温、含氧量等数据保持一个稳定的状态。因此,为使鱼缸内的环境参数不出现异常波动,设计人员在设计时,需要丰富控制模式的多样性,以提高对鱼缸内环境参数的调整能力。除此之外,鱼缸温控系统的一个重要的功能,就是鱼缸内水温以及运行状态的实时显示,在该功能的基础上,当水温未达到标准温度或超出合理温度时,报警系统便会启动,通过声光信号来进行提示。与此同时,智能系统执行调节指令,以完成环境参数的调整工作。在鱼缸温控系统的设计过程中,还应为系统设置按键以完成手动调节,以满足不同的需求。

二、鱼缸温控系统的硬件设计

(一)鱼缸温控系统硬件设计的原则

为使单片机系统更好地发挥其强大的性能,就必须对单片机系统进行软硬件设计。在进行系统的硬件设计时,一定要遵守相应的原则。首先,要将硬件设计与软件设计相结合,实现优势互补。利用软件来实现硬件功能时,软件所需的时间肯定要比硬件需要的时间长,但是软件能够优化硬件结构,使系统更加稳定,同时还可以降低成本。因此,在对鱼缸温控系统的硬件设计时,可以通过软件设计来实现一些硬件功能。除此之外,在硬件设计时,还要进行抗干扰的设计,提升系统的稳定性。一般来说,一个系统用到的芯片数量不宜过多,因为芯片数量越多,系统出现故障的概率就越大,也更容易受到干扰。所以,基于单片机的鱼缸温控系统设计时，应在满足设计要求的同时尽量减少芯片的数量。设计人员在系统设计的过程中，很难通过一次设计就解决所有的问题。因为系统是需要不断升级和完善的，这就要求设计人员在设计时，应提升系统功能拓展的便利性。在进行功能拓展或技术升级时，不需要进行大规模的变动，尽量做到只修改软件就能完成系统升级工作。因此，提升系统功能拓展的便利性，也是鱼缸温控系统硬件设计中的一个重要原则。

（二）控制单元设计

在开发鱼缸温控系统的过程中，采用的核心控制芯片就是单片机，系统的运行信息都需要通过单片机来完成数据处理的工作，因为单片机在稳定性、兼容性、价格等方面的优势，使其在各个领域获得了广泛的应用。在控制单元的设计过程中，单片机的存储空间为鱼缸温控系统的程序编写提供了保障，而且通过接线与外部电路相连，也满足了系统进行技术升级的需要。

（三）温度检测单元设计

本节的研究重点就是鱼缸温控系统的设计问题，所以，温度检测单元的设计更成了硬件设计中的重点。温度检测单元通过温度传感器来对鱼缸中的水温进行实时检测，因此，温度传感器的选择就显得尤为重要，温度传感器首先需要较高的灵敏度，以减少测量过程中的延迟现象。与此同时，温度传感器的测量范围也是重要的参考因素，较大的测量范围能够保证温度控制工作的顺利开展。

（四）加热单元设计

加热单元的设计主要以加热管为设计核心，这个设计环节对加热管主要有两个方面的要求，一方面是加热管需要达到鱼缸水体加热的温度标准，而另一方面是加热管的长度与宽度，不能超出鱼缸的尺寸。

（五）按键单元设计

按键单元的设计主要是为了提高系统的灵活性，以满足不同用户的需求。大多数鱼缸的按键单元主要由升温、降温、复位几个按键组成。在进行按键单元设计时，应注意机械按键的抖动问题，为解决这个问题，可以通过软硬件的设计来消除机械按键的抖动。如：在单片机系统中设置程序以实现延时效果。

（六）报警单元设计

报警单元主要由指示灯、蜂鸣器以及三极管等组成。当鱼缸水温超出合理范围时，通过温度传感器的温度检测，单片机端口输出电流，从而在电阻的作用下，经过三极管，使指示灯闪烁，蜂鸣器启动，以提醒用户及时处理问题。

三、鱼缸温控系统的软件设计

软件设计是鱼缸温控系统设计的重要内容，软件设计需要系统的硬件设计为基础，根据所需的功能要求进行设计，基于单片机的鱼缸温控系统的软件设计包含多个单元，它们之间既相互独立，又在运行中有所联系。

（一）主程序的设计

鱼缸温控系统主程序的目标，是为了实时检测鱼缸水体的温度、水位、含氧量等环境参数。因此，为使系统内的各个单元都能发挥自己的作用，在对主程序进行设计时，应保证每个单元都有相应的子程序与之配合，从而使各个单元的功能更加完善，提高硬件的工作效率。鱼缸温控系统主要包括温度读取程序、按键控制与显示处理程序等。

（二）温度读取程序的设计

首先，系统自动获取温度传感器所测量的温度值，此时的温度值是以二进码十进数的形式呈现的，需要将其转换成十进制形式后，才能完成温度值的输出。这一阶段输出的温度值是实际温度的十倍，因为之前输出的温度值含有小数点，而现在输出的温度值是不含有小数部分的。因此，该部分的程序的运行流程应该是初始化函数，然后读取温度传感器的温度，最后计算实际的温度值。

（三）按键控制与显示处理程序设计

按键控制与显示处理程序是实现人机交互的重要环节，用户可以通过按键来实现温控系统的参数设置，能够自由切换鱼缸温控系统运行状态，极大地提升了鱼缸温控系统的灵活性。除此之外，LED 数码管的使用实现了鱼缸温控系统的数据信息的显示功能，使用户对温控系统的运行状态有了一个全面的掌握，以便用户及时消除隐患，第一时间处理观赏鱼饲养过程中的温度控制问题。

基于单片机的鱼缸温控系统的设计，能够从根本上改善观赏鱼的生存环境，减少水温、水位等因素对观赏鱼的影响。而且在单片机的基础上进行设计，还可以让鱼缸温控系统变得更加智能，实现鱼缸温控系统对水温的自动调节。随着科学技术的不断发展，设计人员还可以不断对其进行完善和开发，加大与互联网技术的融合，通过远程控制单元、通信单元实现在手机、电脑等平台上对鱼缸状态进行调节与控制的功能，使鱼缸的温度控制系统变得更加智能、更加人性化，使其更好地服务于观赏鱼的饲养工作。

第三章 单片机的创新研究

第一节 基于单片机的室内环境监测设计

本节在对基于单片机的室内环境监测系统展开分析的基础上，从硬件设计和软件设计两方面完成了室内环境监测设计。从监测效果来看，系统性能良好，可以精确检测室内环境参数，因此具有一定实用价值。

在物质条件不断提高的背景下，人们对生活品质提出了更高要求。对于长期处于室内环境的人来讲，对室内温、湿度和甲醛气体浓度等参数都有一定要求。利用单片机进行室内环境监测设计，可以加强室内环境主要参数的掌握，从而为室内环境调节提供数据依据，使人对室内感觉的舒适度得到提高。

一、基于单片机的室内环境监测系统

保证室内空气品质，才能为人们提供健康的生活、工作环境。采用基于单片机的室内环境监测系统，除了能够对室内温度、湿度进行监测，也能完成甲醛、PM2.5 等空气污染物浓度的监测。根据系统提供的室内环境参数，可以及时进行室内环境调节，从而使人体健康得到保障。从整体结构来看，系统以单片机为最小应用系统，配备有温湿度检测传感器、甲醛电化学传感器等各种检测设备，同时配备有按键、显示等装置。采用模块化理念，将各部分看成是系统模块，能够通过模块组成得到相应的室内环境监测系统。

二、基于单片机的室内环境监测设计

（一）系统硬件设计

在室内环境监测设计中，采用 STM32F103C8T6 最小系统。从结构上来看，最小系统由 STM32 单片机、复位电路、电源电路、时钟电路和下载电路等构成。作为集成电路芯片，STM32 单片机能够对中央处理器 CPU、存储器 ROM、RAM、定时器、中断系统等进行集成，利用得到的微型计算机系统实现各种控制类运算。利用多个 I/O 口，STM32 单片机能够与各种采集设备连接。

在传感器模块设计上，主要采用温湿度传感器、甲醛传感器和 PM2.5 传感器。采用的温湿度传感器为 DHT11，属于复合型设备，能够利用数字模块采集技术进行室内温度和湿度数据采集，工作电压在 3V 到 5.5V 之间，具有较高可靠性，温度测量精度达 ±2℃，湿度测量精度为 ±5%。利用设备单线制串行接口，能够实现数据传输。采用 DATA 数据线，可以直接将设备与单片机连接在一起。在数据传输期间，设备处于高速模式，完成数据采集后进入原始状态，设备功耗较低。采用的甲醛传感器型号为 ZE08-CH20，属于电化学传感器，每间隔 1s 进行一次浓度值的发送。传感器工作电压为 5V，属于通用型模块，能够利用电化学原理完成空气中甲醛浓度测量，并利用自带温度传感器实现温度补偿。借助串口，装置能够实现 AD 转换，并完成数据传输。采用的 PM2.5 传感器型号为 GP2Y1010AU0F，属于光学通路装置，内部对角存在一对红外线发光二极管和光电晶体管，发出的红外光经过空气中尘埃反射后，将达到晶体管，因此能够实现空气中烟雾等细小颗粒的检测。该传感器输出模拟电压，需要与单片机 ADC 输入通道连接。

系统按键数量较少，可以利用独立按键与单片机连接，完成 S1-S5 按键设置，用于实现不同数据显示的功能。系统采用电源模块能够利用 ASM117-3.3 芯片进行稳压电路设计，输入电压为 5V，能够实现固定电压 3.3V 输出，其余外围设备利用 5V 直流电源直接供电。系统显示模块采用 ST7735 驱动的彩色显示屏模块，分辨率能够达到 128×128。在系统通信过程中，需要采用 GPRS 模块，其功耗较低，只要存在手机信号即能实现数据传输。采用模块的无线数传功能，能够将 TTL 串口通信转变为无线通信，实现数据远距离传输。

（二）系统软件设计

在系统软件设计上，运用模块化理念可以完成各功能模块独立编程，利用相关函数进行模块控制的实现。从系统总体数据流程上来看，上电后系统将对数据传输模块、采集模块等进行初始化，完成数据采集准备。在此基础上，数据采集模块将驱使温湿度传感器、甲醛传感器等设备进行室内环境数据监测，并将采集到的数据进行 A/D 模数转换，然后经由传输模块传递给单片机。由单片机完成数据处理后，将发送给显示模块，使室内环境监测参数在主界面显示。按照单片机设置的时钟，经过一段时间后单片机将发出数据采集命令，促使系统再次进行环境参数采集和传输，从而使室内环境参数得到实时监测。考虑到单片机存储空间有限，还要完成复位时间的设定，在达到一定时间后单片机会进行各数值数次读取值的累加，完成平均值计算，并发送至互联网端，然后对各模块进行初始化，重新开始进行环境参数监测。

（三）系统监测效果

为确定系统监测效果，还要按照设计方案将各硬件连接至实验板，完成相应二进制程序编写，然后将程序写入单片机后进行上电测试。测试期间，需要采用传统方法同时进行室内环境监测，即使用温湿度计、空气甲醛自测盒等进行室内环境数据采集，以便获得对照数据。从监测结果来看，系统测试温度与对照值相差在 1℃ 以内，能够使环境温度得到较好反映；系统测试湿度与对照值相差不超过 3%，不超过 5% 的误差要求；系统甲醛测试精度不超过 0.01mg/m³，能够达到空气监测要求；系统测试 PM2.5 值与对照值相差在 6μg/m³ 范围，可以满足室内空气 PM2.5 监测要求。此外在系统测试过程中，能够顺利连接网络。

通过研究可以发现，采用单片机实现温湿度传感器、甲醛电化学传感器等室内各种环境参数采集设备的控制，能够及时获取相关数据，并通过计算、显示和发送为室内环境监测管理提供数据支撑。在实践工作中，还要结合室内环境监测要求进行软件编程，确保系统功能得到稳定实现，继而满足环境监测的高精确度要求。

第二节　基于单片机的路灯节能系统设计

基于单片机的路灯节能系统是在晚上有行人路过灯亮且人离开后延迟一段时间关闭的系统，该系统由光敏电阻传感器、人体红外传感器模块等模块组成。本节主要设计一套以 AT89C51 为核心的由光敏电阻感应模块、时钟模块、主制模块、显示模块组成的既节能又能延长路灯寿命的智能控制节能路灯系统。

一、研究的目的和意义

随着时代的不断进步，我国作为用电大国时常在用电高峰期电网电压偏低而在用电低谷期电网电压偏高，而城市的路灯又占照明电路的绝大多数，这样会使路灯长期工作在不正常状态，不仅增加耗电量，而且加快路灯寿命损耗。整个系统在我国大力发展绿色节能的背景下具有非常长远的发展意义。

二、硬件部分设计方案

硬件内部规定时间设置为 24h 工作制，内部使用 LED 显示屏模拟路灯亮灭，处于白天时间段时，光敏电阻模块给单片机一个高电平则路灯不亮。处于夜晚时间段或光线昏暗时，光敏电阻模块给单片机一个低电平，若此时段内人体红外传感器模块检测到行人车辆经过时，路灯变亮延时一段时间后关闭。如果没检测到则路灯不亮。硬件部分主要包括以下模块：

（1）人体红外感应模块：当人进入感应范围内给单片机输出高电平，人移动出感应范围则延时一段时间后关闭高电平，输出高电平。该模块灵敏度高，可靠性强，且比其他感应模块性价比较高。

（2）LED 液晶显示屏选用 LCD1602 字符型显示屏，具有低能耗、使用寿命长、显示字母数字比较方便、控制简单、成本低、易于携带等优点。

（3）光敏电阻模块：利用半导体光电效应制成的电阻，当强光照射时电阻值升高，光度低时电阻值变低，可见光均能引起电阻值变化。

三、软件部分设计方案

本方案采用 AT89C51 单片机设计，主要完成对系统的设置，各个功能模块的使用以及对外界情况的处理。

（一）主控制模块部分

使用 AT89C51 单片机控制，操作简单、易于设计、成本较低，适合大规模投入到路灯的建设。

（二）显示模块 LCD16202 程序部分

既能显示时间信息，又能显示当前工作状态信息。

（三）光敏电阻模块 ADC0832 程序部分

光敏电阻模块由光敏电阻、比较器以及继电器等元件组成，通过可见光强度变化引起电阻值变化从而将信号交给系统处理。

（四）时钟模块 DS1302 程序部分

通过串行方式与单片机交流数据可改变对时间及运行路灯工作状态的调整。

（五）定时中断程序部分

对时间进行计数从而改变标志位，系统可通过标志位的改变进行下一步工作。

（六）外部中断程序

发生中断时，完成对当前标志字节改变，便于用判断标志字节状态来进行下一步操作。

四、单片机技术在电气控制中的应用

单片机已经深入到我们日常生活和生产的各个领域。在机械化工厂领域，其各个生产环节和设计环节都有着严格的规定，生产各种零部件时要求具有高精度的测量，严格把误差控制到最低，并且在这些零部件组装或者打包时能有较快的速度，以往的人工制作误差较大而且耗时较长，单片机的控制能很好地解决这一问题。

在煤矿领域，单片机主要应用于瓦斯浓度传感器的控制，大大提高了系统的可靠性和抗干扰性，瓦斯浓度是决定工人安全的必要，当井下瓦斯超过报警值时单片机发出警报，可有效减少瓦斯事故的发生率，提高煤炭开采的安全可靠性。

随着我国科技水平日渐提高，社会也在不断地进步，路灯在生活中的地位必不可缺，在如此巨大的需求量下不仅需要减少经济的开销，又要合理地节约电能。由此，研发新型节能路灯对我国逐渐转变成节能环保国家具有非常重要的作用。科学地研究单片机技术和原理，能让其发挥应有的作用，可为国家节约能源做出贡献。

第三节　单片机系统的电磁兼容设计

单片机系统在日常的工作以及生活中经常被使用，由于单片机使用的广泛性，各种环境因素的变化对单片机的使用稳定性具有较高的要求。电磁兼容功能是决定单片机使用稳定性的主要因素。因此要提高单片机系统的使用稳定性，就必须对电磁兼容功能进行分析，对其进行不断的创新，提高电磁兼容的技术水平。电磁兼容性有主要是受到传导耦合与辐射耦合等因素的影响，要提高电磁兼容能力，就必须对传导耦合与辐射耦合等因素进行详细的分析，在设计的过程中，对这些因素进行控制，提高单片机的电磁兼容性，确保单片机的使用稳定性。

一、单片机系统电磁兼容技术的分析

（一）单片机系统传导分析

单片机的运行需要将系统内部的模块或是器件的电流值进行控制，对器件与模块的瞬间变化峰值进行设置。当系统内部的电源都处于使用的状态下，所有器件与模块都必须根据系统内部的最大额定动态电流的数值进行电导的传输。传导对于单片机的正常使用十分重要，一旦电流的传导出现问题，单片机的整个运行系统将会出现短路或是某一器件瞬时电压过大的情况，从而对单片机整个系统部件造成损伤，降低单片机使用质量。

（二）单片机系统电磁兼容辐射

PCB印制线、电缆、引线等作用与天线相似的电路电线在使用的过程中，都将产生一定的辐射能量，这些辐射能量将会对单片机系统的运行造成影响。辐射干扰可以分为差模辐射以及共模辐射两种，其中差模辐射主要是由于RF电流环路的影响，在一定的电流与环路面积下，差模辐射与频率平方呈现出正比的现象。而共模辐射主要是由电路中的电压运动形成，共模辐射的产生将会使得某些器件的用电地位升高，与这些器件相接的电缆则相当于天线，器件与天线相结合将产生共模辐射。当电流与电缆长度处于一定的范围内，共模辐射与辐射频率将会呈现出正比的情况。在单片机系统的运行中，共模辐射比差模辐射更加难以消除。

（三）纹波与噪声干扰

纹波/噪声干扰是当电源处于固定的直流负载状态下，电源电压受到电流直流影响产生的最大周期性或者是随机偏差。纹波/噪声干扰的测试需要满足一定的条件，即是确保直流电在 10MHz 的带宽数据内测量得出的峰值。纹波/噪声干扰的感受也是对峰-峰纹波的感受，这两者都是由于器件或者当电源模块处于固定的直流负载下电流运动而产生的。

（四）射频干扰

射频干扰问题是单片机系统设计中需要重点分析的内容。射频干扰问题的分析主要依靠傅里叶分析波特图，首先将周期函数变化为傅里叶级数，此步骤可以得到不同频率下的各次谐波分量。其次在对这些谐波分量进行分析，确保谐波分量不会影响到单片机系统的正常运用。

二、单片机系统电磁兼容的设计

（一）系统内部的布线设计

单片机系统的布线设计需要遵循 3-W 的原则进行，在布线的布局过程中需要两条相邻走线的中心距离需要 3 倍的。线路之间的距离越大，相互之间产生的干扰越小。但是线路之间的距离变大，整个线路板的面积将会变大，从而造成电磁干扰增强，不利于单片机电磁兼容性的提升。因此在单片机系统的布线设计中，不仅需要注重线路之间的距离，还需要对线路板的整体面积进行设计。

提高单片机系统兼容性的主要措施，需要严格的控制电路的回路面积，在布线的设计中避免出现短截线设计，因为当短截线的长度处于噪声信号波长奇数倍的情况下，短截线将变成天线，从而产生加大的辐射，对单片机系统的平稳运行造成影响。在布线设计中，还需要避免平行走线情况的出现，输入与输出的线路要避免相邻或是平行。因为平行走向将会增加电路板中的电磁干扰，不利于电磁兼容性的提高。此外，在单片机系统的布线过程中，电路相应的底层也需要进行分来设计，从而降低信号线回路中产生辐射的概率。

（二）地线的设计

当信号流进行回源运动时，地线将会对其产生低阻抗，此时地线的阻抗不为零。因此当信号流穿过此时的地线时，将会产生一定的干扰信号，影响单片机系统使用的稳定性。避免地线干扰的措施较为简单，仅需要重视各回路之间的接地设计。例如：将模拟地与数据相分离，在最后的阶段在选取合适的一点将两者重新进行连接，确保单片机线路系统中的全部地线都处于连接的状态。地线的连接方式主要分为三种：混合接地、多点接地以及单点接地。在实际的布线设计当中，需要根据单片机的使用环境，选择最优的接地方式，确保单片机的电磁兼容性能得到提升。

（三）元器件的布局

1. 元器件的选择

不同电子元器件的制造材料与工作原理都不相同，因此在不同的使用环境下要选用不同的电子元器件，从而确保电子元器件能够处于最佳的运行状态。例如：单片机系统中时钟发生器大部分都处于外部设置，造成时钟在运行的过程中产生高频噪音，对单片机电磁兼容性造成影响。在单片机的设计过程中，需要选用频率较低的时钟元器件，从而降低时钟器件使用过程中产生的噪音。根据实验发现时钟的频率越高则产生的辐射越大，当时钟的频率处于 3 倍的情况下，产生的辐射对于单片机的运行损伤较大。因此降低时钟的频率是提高单片机系统电磁兼容性的重要手段。与外置时钟相比，内置时钟的辐射较小，但是内置时钟的成本较高，不利于提高单片机的经济效益。

2. 元器件的布局

布局在单片机的设计过程中十分重要，科学合理的布局将会有效地降低系统内部各个元器件之间的辐射，从而提高单片机的电磁兼容性，保障单片机运行的稳定性。将电气隔离法与空间分离法是元器件布局的常用手法。其中电气隔离法能够有效拦截干扰信号在电路中的传导，从而优化元器件的使用环境，保证运行信号能够有效传递，提高单片机的传导稳定性。空间分离法主要是对系统电路中的干扰信号进行抑制与削弱，保证敏感电路的正常运行。元器件的布局过程中，一般情况下需要遵循电路与数字电路相分离的设计，便于将强电流与弱点流相分离，从而将高速信号与低速信号向分离，提高系统的抗干扰能力。

在元器件的布局中，如果出现某一个系统功能较为强大的情况，可以使用模块化的设计方式，从而降低元器件之间的相互干扰。将元器件按照强弱进行分离设计，可以提高元器件布局的合理性，从而提高单片机系统的电磁兼容性。

单片机电磁兼容设计是提高单片机使用稳定性的主要因素，并且电磁兼容设计在单片机设计的所有环节中都需要涉及，因此在单片机设计的过程中，就需要对电磁兼容性能进行分析，根据单片机的使用环境，探究最优的设计方案，提升电磁兼容的性能，确保单片机的使用稳定性。

第四节　单片机控制系统抗干扰设计

现代化设备和系统研发中，单片机控制系统是重要的组成部分，为了促使单片机控制系统的运作更加流畅，必须加强抗干扰设计。抗干扰设计难度较大，同时存在很多影响因素，在抗干扰设计中，应选用科学、合理的方式，减少问题的发生。单片机控制系统的内部组成比较丰富，也在不断革新中，此情况下的抗干扰设计，应从长远角度出发。针对单片机控制系统抗干扰设计展开讨论，提出合理化建议。

与其他工作不同，单片机控制系统的抗干扰设计要求较多，在具体内容实施中，要从长远角度出发。单纯按照短期工作目标来实施，不仅无法取得理想的成绩，还会造成新的问题，产生不好的影响。单片机控制系统的运作过程中，有很多因素会表现出动态变化的特点，如不进行灵活调整，很容易导致工作出现问题。

一、单片机控制系统现状

从客观角度来看，我国对于单片机控制系统的重视程度较高，在研发和创新力度上，整体的工作发展空间较大，规避了功能不健全的问题，促使单片机控制系统的使用，可以更好地满足工作上的多元化需求。单片机控制系统的一些干扰因素控制、解决，还需要继续探索。单片机控制系统使用，已获得社会和业界的高度关注，按照老旧的手段执行工作，很容易造成较大的偏差，需要在日后的拓展和研发中，进行良好的改进。

二、单片机控制系统的干扰源分析

（一）现场干扰源

就单片机控制系统本身而言，抗干扰设计的工作开展，想要取得理想的效果，应坚持分析其干扰源，这样才能在问题的综合改善、解决上，不断创造出较高的价值。现场干扰源的存在，是单片机控制系统的重要组成部分。例如，传导类型的干扰出现，是比较常见的现场干扰源，其对于单片机控制系统造成的不良影响是非常突出的，是需要重点解决的对象。应在日后的抗干扰设计、实践中，选用针对性的处置手段进行解决，否则容易导致单片机控制系统出现故障、问题。

（二）系统自身干扰源

对单片机控制系统开展大量的测试与研究，认为干扰源的出现与单片机控制系统自身存在密切关系。在系统设计和运作中，不同元件的利用、不同架构的设计，以及不同的功能展现等，都容易在内部产生一定的矛盾和冲突现象，虽然表面上不会造成严重的问题，但是必须针对系统自身干扰源进行有效应对。例如，散粒噪声的存在，将会严重影响单片机控制系统的正常运作。一般而言，散粒噪声广泛存在于半导体元件中，针对单片机的干扰影响是非常显著的，这对于单片机控制系统的具体操作和自身维护等，都会造成很大的负面影响。

三、单片机控制系统的抗干扰对策

（一）加强系统分析

就单片机控制系统本身而言，抗干扰工作的进行，如果只实施传统的手段，不仅无法取得理想效果，还会造成很多问题。抗干扰设计中，必须从系统分析层面入手，选用正确的手段和方法。首先，针对单片机控制系统的不同运作环境、不同限制性条件开展深入分析，为未来的工作提供更多的参考和指导，便于问题的综合排查，使整体的系统运作更稳定。其次，要对所有的干扰源或动态影响因素进行研究，要在系统的抗干扰设计中，采取全面性的手段，对单片机控制系统进行分析，丰富抗干扰体系。

（二）数字输入端的噪声抑制

抗干扰设计必须从硬件角度出发，单片机控制系统的良好运作，与硬件本身具有非常密切的关系，如果硬件维护不力，就会产生负面影响。数字输入端的噪声抑制工作开展，能够促使抗干扰设计的综合水平提升，以获得更大的发展空间。在输入端接 RC 滤波器和施密特集成电路，其中 RC 滤波器的时间常数大于现场可能出现噪声的最大脉宽和小于信号宽度，这样既可抑制噪声，也不会丢失信号。在输入端加上拉电阻，提高供电电源电压，可提高输入端的电平，提高输入端的噪声容限。提高输出低电平的噪声容限，可采用降低信号源内阻的方法，使用放大倍数为 1 的电压跟随器，提升单片机控制系统的效用。

（三）外围扩展存储器的抗干扰

单片机控制系统的抗干扰过程，应按照多元化模式进行，单一技术手段的实施，虽然能够在短期内实现抗干扰，但是不利于长期发展。外围扩展存储器的抗干扰手段，是单片机控制系统的重要组成部分。第一，数据线、地址线、控制线要尽量短，以减少对地产生的电容。特别是要考虑各条地址线的长短，布线方式应尽量一致，以免造成各线的阻抗差异过大，使地址信号在传输过程中到达终端时波形差异过大，形成控制信息的非同步干扰。第二，由于负载的电流较大，因此电源线和地线要尽量加粗，走线尽量短。同时，印制板两面的三总线相互垂直，以防止总线之间的电磁干扰。

（四）软件抗干扰

单片机控制系统的抗干扰设计工作，除了要在硬件方面投入，也要在软件内容上做出科学规划。软件抗干扰逐渐受到关注，应健全软件抗干扰体系，促使工作的展开。例如：软件滤波算法的选用，能够健全抗干扰设计体系。采用此方法可以滤掉大部分由输入信号干扰而引起的采集错误。最常用的方法有算术平均值法、比较舍取法、中值法、一阶递推数字滤波法。由此可见，软件抗干扰能够与硬件抗干扰更好地搭配，保障单片机控制系统的稳定。

四、单片机控制系统抗干扰设计的发展趋势及注意事项

（一）注意事项

单片机控制系统抗干扰设计已成为行业发展的重要内容，为促使系统的安全、可靠性得到提升，应注意以下事项：第一，单片机控制系统抗干扰设计初期，对不同的干扰源、干扰力度、干扰损失等，要进行深入的调查和研究，不断搜集数据和信息，提高单片机控制系统抗干扰设计的可靠性、可行性。第二，单片机控制系统抗干扰设计工作，必须加强维护，尤其是针对出现的一些新干扰源，应进行大量的测试分析，选择合理手段，利用成熟度较高的技术解决问题。第三，单片机控制系统抗干扰设计体系必须不断完善，提高技术联动效果。

（二）发展趋势

现代化单片机控制系统抗干扰设计，已取得一定成绩。未来，单片机控制系统抗干扰设计的挑战将逐渐增加，必须坚持智能化理念，按照多元化模式，对单片机控制系统抗干扰设计的条件和方案进行优化。单片机控制系统抗干扰设计体系应更丰富，结合不同工程或差异性的限制性条件，有针对性的设计，减少问题，保证单片机控制系统抗干扰设计的科学性、合理性。

我国在单片机控制系统抗干扰设计方面，正不断突破自身的局限性，取得了一定的实践效果。应提升单片机控制系统抗干扰设计的创新力度，结合不同的内容、方法来操作，大量开展试验分析，发现工作中的不足，及时排除隐患。

第五节 基于单片机的电梯控制系统的设计

新时期，随着人们生活层次的不断提升，电梯已经不再令人感到陌生。而近年来，我国高层建筑行业的发展速度较快，由此带动着电梯行业的发展速度不断提升，给人们的出行和生产、生活带来了诸多便利。但是，由于电梯在制动或者是起动的过程中都会伴随一定的危险性，因而如何将电梯进行合理化的控制，这是当前急需解决和应对的问题。基于此，笔者针对单片机的电梯控制系统的设计问题展开了分析。

一般来说，由于电梯的运行结构和内部构成具有一定的复杂性，因而，为了进一步地促进我国电梯使用的安全性、稳定性，笔者针对当前电梯运行的阻碍性问题进行了阐述，并着重围绕着基于单片机的电梯控制系统的几个相关问题展开了思考，这对于优化其结构，以及促进电梯控制系统的安全性而言具有重要的现实性意义。

一、与 PLC 电梯设计系统之间的差别分析

基于单片机的电梯控制系统的设计与 PLC 电梯设计系统之间存在着极大的差异性，为了更好地分析和把握基于单片机原理的电梯控制系统的设计问题，则需要针对二者之间的不同点和各自的优点、缺点等方面展开具体的分析，从而更有针对性地采取相关措施来改进当前的电梯控制系统在运行过程中的不足之处，以此来保证我国电梯的运行更具安全性和可靠性。

通常意义上，基于 PLC 电梯控制系统的设计在造价上要高于以单片机原理为依托的电梯控制系统的设计造价，因为将单片机作为电力控制系统设计过程中的主要芯片时，可以使用 PWM 型驱动直流电机，这可以在极大程度上影响电梯控制系统的造价，即促进电梯控制系统的造价可以保持在一个相对比较低的水平。而如果使用变频调速驱动，那么将会影响整个电梯控制系统的设计造价，即促使造价不断提升。与此同时，基于单片机原理的电梯控制系统在设计过程中可以使用精度较高的测量电路，有利于与相对较为稳定的数字软件相互结合，进而保证整个电梯控制系统的信号处理更加精确、高效。因此，在我国当前的电梯控制系统设计环节中，相关设计者往往会选择基于单片机的电梯控制系统来进行设计。

二、基于单片机的电梯控制系统的设计分析

（一）对重量的检测

在电梯控制系统的设计之中，对重量的检测是其中的一项重要与关键的内容。进行重量检测主要是通过利用相关高精度的仪器设备对电梯重量进行检测，基于单片机的电梯控制系统主要是通过利用重量传感器来实现的。这种传感器不仅具有精确度较高的优势，而且其价格较为便宜，可以有效地控制其支出的成本，与此同时，在 1kg 的压力范围之内，可以保障 20mV 的电压信号。因此，为了对其电压信号进行有效的测量，可以在重量传感器的一端连接仪表的放大器，这样便可以实现测量的电压信号的可视化，以便于观察、研究。在此基础之上，再将其转换成为数字信号，最后由单片机对其进行信号显示。

（二）对电源进行控制

基于单片机的电梯控制系统的电源可以进行多种选择。但是，因为系统不同模块之间输出的电压值之间具有较大的差异，为了使其不受到较为严重的干扰，应该采取较为恰当的隔离措施。根据控制系统的实际操作情况，其电源的选择可以大致划分为以下几种类型：当电源为 +/-15V 的电源时可以选择放大电路供电；当其为 +/-5V 时可以选择单片机逻辑电路供电，而 +3.3V 则应该向单片机供电。需要进行注意的是其电源必须共电，并且要将+15V 和 -5V 的电压进行隔离，同时还要使得传感器开关与信号开关的供电可以单独进行。

（三）对运行进行管理

电梯设备的运行方向与运行方式主要是由其系统的管理模块来控制的，因此，通过对操作信号以及呼梯信号的控制可以有效地实现在控制系统与计算机系统之间的数据信息传递，以便于进行数据的交换。

（四）对位置显示的调整

基于单片机电梯控制系统的设计之中的一项关键内容是对电梯轿厢位置进行显示，对其位置进行显示的方式主要有两种，一种是非接触的方式，一种是接触的方式。一般而言，出于对其安全性与准确性的考虑通常是选择非接触的方式，在这种方式之中主要是使用广电反射传感器，这种传感器不仅可以有效地抗干扰，还具有准确度较高、便于远距离操作等优点。这种传感器一般是安装于电梯的极限位置和每一层楼，传感器的信号是由电梯控制系统电路对其进行处理，在经过转换之后在输入到单片机之中。

（五）电机的控制

电梯控制系统对电机的控制作用主要可以概括为以下几个方面：首先，对其电机的速度进行控制，电梯控制系统为单片机的速度值进行设定，使得输出的 PWM 可以满足现实的需要，进而实现对其电机运行速度的有效控制。其次，对电机的运行方向进行有效控制。电梯控制系统为单片机提供相应的输入信号，并且根据相应地逻辑分析实现对电机的上升、下降运行状态进行控制。再次，对电梯轿厢的惯性进行有效控制。当电梯上升或者下降的过程之中，如果其供电被突然地切断，这时电梯会由于其惯性的原因导致平层出现不准确。因此，为了避免此种现象的出现，应该在其系统之中增加反向电压制动系统，这样能够在一定程度上提高电梯平层的稳定性与准确度。

综上所述，笔者在上述文章中主要针对基于单片机的电梯控制系统与 PLC 电梯设计系统之间的差别，以及该系统的设计等内容展开了分析与探究，并对此提出了几点个人的思考与建议，进一步凸显了我国电梯运用过程中对于完善的电梯控制系统的需求。由此可见，在现阶段，相关的电梯控制系统设计工作人员和相关的企业应该着重关注这一问题，并针对电梯控制系统在现阶段的设计工作进行科学、合理的分析，针对具体的问题进行具体的思考，不断完善单片机的各项功能，从而使其能够在电梯控制系统的设计过程中发挥自身的良性作用，使得整个电梯的运行过程更加安全、可靠。

第六节　单片机实训课程的创新设计

在开展单片机教学时，必须要通过实践训练来提高学生的动手操作能力，为学生提供自主实践的机会，进而在推动单片机课程开展的同时，也激发了学生对于学习的兴趣。而在开展单片机实训课程过程中，需要进行课程设计的创新，以此来更好地适应教学课程的发展以及学生的学习情况，并且老师要以创新性的教学手段，来帮助学生充分参与到实践课程中，使单片机实训课程更加高效的开展。

一、现阶段单片机教学课程存在的问题与不足

（一）单片机实践教学课程不足

如今的单片机理论教学和实践教学严重脱节，针对单片机的结构框架、原理、流程等方面的教学非常细致入微，不过在单片机系统设计的教学上却存在一定的不足，也就是理论教学在单片机教学中占比过高，导致实践教学严重不足。这种现象针对一些从事微电子技术以及芯片结构的人员来说非常不利，尤其是高职院校的学生，因为高职院校学生们在课堂上学习到的像是数字电路这样的理论知识，在分析能力上普遍存在一定的缺陷，而若是再缺乏实践教学来巩固知识与加深理解，那么在之后的学习过程中将会存在一系列的问题，丧失学习兴趣，甚至是出现厌烦感等。

（二）对于单片机实训课程重视程度不足

老师在开展单片机教学过程中，通常都会依照一定的教学流程进行授课，这也导致了实训课程被理论教学课程所占用，过于重视理论教学，从而对实训教学重视程度不足，甚至是忽略，进而导致了在开展单片机实训课程时，学生们缺少主动实践的机会，对一些教学中的难点和重点无法通过实践来加深理解和知识的转化。

（三）教师本身的实践经验及水平存在不足

单片机应用技术是一项综合性的学科项目，从电子电气、计算机等学科都将单片机应用技术作为必修课程上就能看出其地位和重要性。而实训课程作为理论知识最为直观的补充，决定了学生对于理论知识的理解和认同，因此，基于新课改的要求下，也必须要着重提高教师的综合实践能力，必须要对单片机实训课程设计方面进行创新，在提高实践教学效果的同时，也能够提高教师们的实践基础，进而激发学生对于单片机教学课程的兴趣，充分发挥学生的创新能力。

二、单片机实训课程设计的创新

（一）运用项目教学法

项目教学法指的是在开展单片机实训课程过程中，将学生作为教学主体，利用实践活动来开展教学的方法，是老师与学生合作完成的实践教学活动。项目教学法通常都是通过教师来进行活动项目的设计，而活动项目的难度逐层渐进，学生们在实践项目的中后期则需要老师在一旁进行正确的指导来完成。项目教学法的开展目标便是加强学生的创新能力

和实践能力，以及了解单片机教学的操作流程知识，项目教学法的设计以承上启下的理念作为基本原则，可以让学生不断巩固理论知识，并将理论知识向实践经验进行转化，也更加熟练地掌握单片机操作原理，更加全面深入地了解单片机的设计以及开发的全部流程。

（二）通过面包板来构建硬件平台

由于单片机的实训课程有一定的时间局限，而怎样才能够在这规定的时间内有效提高单片机实训教学效率则是至关重要的。结合以往所运用的硬件平台的优势与不足来进行分析，当前单片机实训教学中普遍采用面包板来构建硬件平台。学生可以通过面包板来对其中的构件、构件框架与格局等进行了解，通过面包板来铺设电路，可以省略布线及焊接等操作流程，明显提高了硬件电路铺设的效率。在硬件电路搭设完毕后，可以开展软件编程以及调整，能够更加高效的开展软件和硬件的实践训练。由于硬件实训的效率提高，从而为之后的软件实训提供更加充裕的时间，使得软件实训教学能够进行更多的实训活动，同时利用面包板来构建电路也具有较为显著的便利性。

（三）运用 proteus 仿真软件

Proteus 软件可以做到针对单片机机电路的仿真模拟，在开展单片机实训教学过程中运用 Proteus 仿真软件能够起到明显的推助作用。对于教师来说，平常开展单片机教学过程中，其中的一些算法知识和逻辑都较为抽象，学生在进行知识的理解时较为吃力，而若是利用 Proteus 仿真软件来进行辅助教学，也就是教师在进行知识讲授的过程中运用 Proteus 仿真软件进行同步演示，那么可以让学生们看到更加生动具体的演示过程，能够使得学生更好地进行理解。而一些硬件知识讲授过程中，也可以通过 Proteus 软件来开展同步演示，比如在进行数码管知识讲授时，老师可以在 Proteus 中将数码管逐次电量，并进行数码管的原理及流程，之后引导学生来测试数码管的引脚，让学生通过 Proteus 软件的同步演示与实践操作结合，更加深入地了解知识。而对于学生来说，在进行实践活动之前，先利用 Proteus 软件进行实训内容的预演，可以使之后的实践操作更加规范，实践流程更加顺利，不但能够进行程序的调控，也能够有效地减少学生在参与实训课程时出现操作偏差或误操作的概率，避免了对实训器械设备的损伤。

（四）单片机实训平台的构建

单片机实训平台的构建目标便是要为学生提供一个开放式一体化的单片机实训条件，并且通过平台来达到资源获取途径的多样化、数据的共享化，在提高教学质量的同时也为学生提供了一个实践学习的条件。学生们通过实验以及实践来提高学习的热情，并且利用实训平台来引导学生进行自主学习，化被动为主动，并且为学生提供自主学习的资源条件与环境条件，加强学生发现问题和解决问题的手段，促进单片机教学的稳定开展。同时，单片机实训平台的构建还可以让学生摆脱专业的束缚，不再仅限于某一专业，可以拓宽学生的知识路线，实现专业和专业之间的合作与结合，可以更好地加强学生的学习能力和创新能力。除此之外，单片机实训平台的构建可以促进相关其他课程的完善与创新，进一步提高了教学的质量。

（五）创新单片机实训教学体系

在制定单片机实训教学体系时，需要结合教学目标以及实际需求来进行，可以分为以下几个方面：

其一，单片机的原理实训。在开展单片机原理实训过程中，需要结合单片机原理课程的开展章节来着重提高学生针对单片机的了解程度以及基础运用能力，为之后的单片机教学开展奠定基础，实训的主要内容便是单片机的软件和硬件。通过单片机的原理实训，可以让学生更加深入地了解一些程序和框图，并且依照此两项来进行程序的调整和线路对接，让学生充分了解单片机的基本操作流程，并且利用实训教学来提高学生的编程能力和分析能力。

其二，单片机的运用训练。单片机的运用训练指的是不给予学生相关的项目实践流程和程序，并让学生按照所给的题目来进行软件与硬件的设计、框图、编程，以及程序编写的调试等。发现与分析实训过程中的各种问题，并进行解决，在实训项目完成后，需要根据学生所自主完成的硬件设计图、程序图等，以论文的形式来进行提交设计报告，进而使学生更加深入的了解单片机的原理，以及提高其开发能力等。

其三，开展开放式的实训。开放式实训指的是基于电子信息工程系创新实验室及电子协会为单片机开发运用的实训课程，利用单片机技术来开展电子作品以及控制系统的设计，可以有效地提高学生对于单片机相关知识以及创新设计的水平。在开展开放式实训过程中，需要学生们依据实训项目来进行编程及硬件开发，以及程序调试等，之后进行公开的演示。通过该实训可以使得多数学生提高单片机的应用能力，以及通过单片机来设计电子产品的水平。

综上所述，针对当前的单片机实训课程而言，其课程教学设计的创新有着十分明显的成效，并且创新性的设计也是单片机课程发展所必然的趋向。单片机实训课程的创新设计在提高学生实践能力和创新能力方面有着更好的促进作用，推动课程的快速开展，也推动了学生的学习发展。

第七节　基于单片机的自动存储柜设计

传统的存包系统功能单一、操作麻烦，并且人工看管或者使用微型打印机打印密码条，这样造成了一定的人力、物力的浪费，存在着一定的缺点。自动存储柜是利用密码锁解锁，当用户存包时，按下存包键，并向单片机系统输入用户的手机号，自动存储柜将会打开，同时单片机就能够生成六位随机密码并通过系统中的 GSM 模块向客户的手机发送密码短信，密码不会重复，以短信的形式存留在用户手机中。用户取包时，只需按下取包键，并输入 6 位密码，自动存储柜将会打开。自动存储柜还设有一键打印密码条功能，主要是为了老人或者出门没带手机的顾客准备，能够更方便地进行存包操作。

一、总体方案设计

自动存储柜由两部分组成，分别为电路部分和机械部分，STC89C52 单片机作为 CPU，用程序来制作六位随机密码，用 4×4 矩阵键盘作为输入端。使用的显示器是 LCD1602 液晶显示屏，作为输出端，并且用电子锁来模拟存包柜，用继电器来模拟微型打印机，通过 GSM 模块向用户发送六位随机密码短信。

系统主要实现以下的功能。

（1）运用矩阵按键来输入手机号码和存包密码。

（2）编制程序来生成六位随机密码，并且不会重复。

（3）随机密码在单片机中的保存及删除。

（4）电子锁模拟柜子的打开与关闭。

（5）继电器模拟打印机。

（6）利用 GSM 模块将随机密码发送短信给用户。

（7）考虑到超市老人们不会使用 GSM 发送短信或者未带手机的情况，在系统中添加了一项功能：当老人们不方便使用短信密码功能时候，按打印键使用打印机打印出带有密码的小纸条，老人就能在不懂操作的时候简单明了的获得密码。

本设计的最大创新点是使用 6 位随机密码和运用 GSM 模块将密码以短信的方式发送到用户手机上，相对于现在普遍使用的打印密码纸条或钥匙锁，节约了成本，省去了人工看管等费用，具有智能性，同时也符合绿色观念。

二、硬件电路设计

（1）主控制器电路设计。单片机的主控制器选择 STC89C52，在节电方面和运行速度方面相比其他型号更为突出，是一款高性能的 CPU，内部含有 8k 可编程存储器，4k 字节 EEPROM 存储空间，可直接使用串口下载。在自动存储柜系统中。主控制器不仅要满足本系统的一些要求，而且要满足节约成本与高性价比的要求，而控制器 STC89C52 完全符合。

（2）显示器。LCD1602 是一种工业字符型液晶，能够同时显示 32 个字符，主要优点有成本消耗上非常节约，以及性能非常好，能满足基本的字母表达需求以及数字表达；对比度能够自行调节；具有复位电路等，能够满足自动存储柜的各种要求。主要作用显示显示顾客输入的手机号以及顾客取包时输入的密码。

（3）GSM 模块。GSM 模块是将 GSM 射频芯片、基带处理芯片、存储器、功放器件等集成在一块线路板上，具有独立的操作系统、GSM 射频处理、基带处理的并提供标准接口的功能模块。GSM 模块有 40 个引脚，正常运行时需要与单片机相配合，当我们的单片机发送指令给 GSM 模块时，GSM 模块就可以命令 GSM 卡向手机号码发送密码的短信。

（4）矩阵按键电路。智能存储柜系统由于需要用户输入手机号、密码、打印纸条以及确认等操作，所以采用 4×4 的矩阵按键，分别包括 0-9 10 个数字按键，以及 ABCDEF 六个功能按键，这 16 个按键足以满足我们智能存储柜系统的需求。按键 0-9 是用于输入手机号和密码，按键 A 的功能是打印密码条；按键 B 的功能是删除，手机号或密码输入错误时，可将其删除、重新输入；按键 C 的功能是密码输入（取包），想取包离开时，可以按下 C 键，接下来就可以输入密码；按键 D 的功能是密码确认键，输入密码之后，按下 D 键，若密码正确则可打开柜子，否则显示屏显示"输入密码错误"。按键 E 和 F 的功能分别是手机号输入（存包）和手机号保存，按下 E 键，显示屏将会显示"请输入手机号"，输入 11 位手机号之后，按下 F 键，系统将随机产生 6 位随机密码，通过 GSM 模块将 6 位随机密码发送到用户输入的手机号上。

（5）蜂鸣器报警电路。在智能存储柜系统中，因为用户有可能会开错柜子或者恶意打开他人的柜子，因此需要设定一个输入密码错误三次，立即用蜂鸣器报警 10s，用于对顾客的警示或提醒作用。

三、软件设计

（1）软件设计构想。系统正常运行时，显示屏显示"welcome"，若有人按下存包键，此时单片机内部按照事先编号生成 6 位随机密码的程序运行，并生成 6 位随机码，显示屏显示"请输入手机号"。用户输入玩手机号之后按下 F 键，系统将通过 GSM 模块将已生成的 6 位密码保存并发送到用户手机，同时单片机控制继电器打开柜子，几秒后继电器闭合，存储柜将被关闭。当用户取包时，按下 C（取包）键，显示屏显示"请输入密码"，用户输入正确的 6 位密码，按下密码确认键之后，系统将会控制继电器打开对应的存储柜，取包过程结束。当用户连续三次输入密码错误时，蜂鸣器将会发出报警声，用作提醒或警示作用。

（2）程序各模块设计。智能存储柜系统由多个模块，分别是 GSM 模块、6 位随机码生成模块、继电器模块、显示屏模块、矩阵按键模块、密码错误报警模块和打印机模块。

本设计采用 C 语言对各个模块进行编程，C 语言与汇编语言相比在可读性和可维护性等方面均具有明显的优势，C 语言具有国际化、标准化、全面化的优点。

以单片机为核心的智能存储柜，利用 GSM、LCD1602 液晶显示屏、矩阵按键等实现对存储柜的控制。本设计具有如下优点，顾客可以利用手机获得密码，不再需要打印纸条获得密码，这样做既保护环境，又防止了密码丢失的可能性；当顾客没有带手机时，可以使用打印密码条的方式获得密码；本系统无须人工看管；另外本系统连续输错三次密码后，将会报警，用于提醒顾客。

第八节　基于单片机的智能生态鱼缸的设计

系统采用 STC12C5A 系列单片机作为中央处理器控制的，系统内的单片机将液位检测模块反馈的数据经过处理并且计算出水位高低并利用单片机定时中断自动换水、自动喂食、使用 DS18B20 温度检测模块对水温进行实时检测并通过 12864 液晶显示模块进行实时显示，使我们能够更加直观地观察水温是否在适宜范围内。该系统可让用户放心地外出旅游或出差，从而给用户生活带来了极大的便利。

针对鱼类生活环境净化和改善的设备有很多，目前市场上常用的鱼缸控制系统有：水温控制、充氧控制、过滤控制等相关系统。但由于产品繁多，功能不统一，而且大多是非智能化的、单一的恒温控制、充氧或照明系统。如果仅仅是把多个单独的设备组成一套多功能的鱼缸控制系统，需要投入的费用较大，同时多个单一器件机械化的组装之后，也存在一定的资源浪费。这样不仅增加了成本，重复投资，影响美观，而且功能使用不灵活、不方便，整体性能也无法得到提升。因此本节设计了一种新型的智能鱼缸监控系统。

一、系统的总体设计方案

本系统以 STC12C5A60S2 单片机作为核心处理器，同时以 DS18B20 温度检测模块、12864 液晶显示模块、液位检测模块、自动喂食模块、DS1302 时钟模块作为外接传感器，设计一款适合多种鱼类生存的智能控制系统。首先根据系统的工作环境、控制对象等确定最佳的设计方案，将软件部分与硬件部分进行划分，使其各自完成相应的功能，形成系统研究的初步模型。

本设计的智能控制系统主要特点是：

（1）以单片机为核心处理器，将各个传感器检测的信号进行相应的运算，能够实现自动控制。

（2）人机交换界面采用 12864 液晶显示模块进行显示，操作简单、方便。

（3）设计远程监控，将各个传感器采集的数据实时传输到终端。

二、系统硬件的选择

由于市场上芯片的种类繁多且复杂，因此在选择芯片的时候，我们要以"性价比高"、"操作简单"为原则进行选取，要选择既适合本系统运行、又可靠的芯片和电子元器件，从而进行合理的电路设计并进行相应的调试。

（1）核心处理器的选择。本系统以 STC12C5A60S2 单片机作为主控制器。它是告诉、低功耗、具有很强的抗干扰能力新一代 8051 单片机，并且它的成本不是很高，应用广泛，处理速度快，它具有的定时 / 计数器功能足以满足本系统的需要。

（2）液晶显示模块的选择。本系统采用的是 LCD12864 液晶显示模块，它的优点是占用单片机的引脚数量少，而且通过简单的程序控制，就可以对汉字、数字进行显示，不需要进行重复扫描，可以为使用者提供高效的界面显示。

（3）温度传感器的选择。本系统选取的温度传感器为 DS18B20 温度传感器模块。它的使用电压范围是 3.0 ~ 5.0V，它具有体积小、精度高、抗干扰能力强等特点，而且此传感器接线方便（由正负电源线及信号线组成个），可适用于多种工作场合，其最大的特点就是可以检测水中的温度，对本系统的研究具有重大意义。

（4）自动加热装置的选择。由 220V 交流电对加热装置进行供电，单片机不能直接对加热装置进行供电，为了能够更好地实现自动控制温度，将温度传感器、单片机、继电器控制模块结合在一起，由单片机发出电平信号以此控制继电器工作，达到自动控制温度的效果。

（5）自动投食器的选择。单片机通过输出的数字信号对继电器进行控制，从而继电器控制电机，通过电机的转动带动食料盒进行投料。

三、软件设计

软件的设计是整个系统运行的关键，根据各个传感器模块使用说明及程序设计方法，将整个系统的应用程序根据不同的模块进行划分，将其分成若干个独立的程序设计模块，绘制系统流程图，单独对各个模块进行程序设计，最终再将单独地进行整合，进行系统的整体调试。

本系统通过温度传感器模块和液位传感器模块分别对鱼缸的水温和水位进行实时监控，如果水温相对设定的水温过高或者过低，单片机会通过电机控制注水以及排水，从而达到最佳的水温，自动喂食模块会通过预先设定好的循环时间，等时间到了单片机便会自动执行中断服务程序控制电机进行投食。

第九节　单片机编程模块化设计研究

随着单片机所控制的对象逐渐增加，单片机本身的应用系统也变得愈加复杂，传统的编程方法已经无法满足设计以及使用的要求，因此需要采用简洁高效的模块化设计方法进行设计。模块化编程不仅可以实现程序结构以及编程设计的有效分工，同时能够增加程序自身的可移植性以及设计的速度。

一、模块化编程的简述

为了形成规范化的应用系统来实现一定的功能或控制，除了必要的硬件部分不能与相应程序分离，程序的质量将决定应用系统的性能。实际上，大多数初学者编写的程序只包含一个源文件，通常只有几十或几百行小程序是可接受的。但是，随着单片机控制对象数量的增加，用 C 语言编写的功能越来越多，程序代码也越来越复杂，而所有的代码都被写在一起，导致调试起来异常烦琐，一旦出现需要对程序进行部分修改的问题，就需要花费程序员大量的时间与精力。因此在对复杂的单片机程序进行设计时需要采用更加简便与高效的方法——模块化编程。模块化编程的优势在于便于分工，程序的实现更加简便和易于调试，有利于轻松地将程序结构进行划分，增强程序的可读性和可移植性，从而实现程序多样化的可读性和可移植性。

模块化编程主要指的是一个完整的程序被分成几个模块，并通过一些语句将这些模块组合成一个程序。在 C 语言中，模块中只有一个 C 文件，模块化设计是指程序中有多个模块，即多个源文件和相应的头文件、存储程序代码的源文件、存储函数的头文件、变量声明和引脚定义。

二、模块化编程的方法

首先，需要新建一个文件夹并将其进行重新命名，根据命名的文件在其下再新建三个名为 mdk、obj 和 src 的子文件夹。在 mdk 文件夹中存放工程文件，在 obj 文件夹中存放过程文件与 Hex 文件，在 src 文件夹中存放模块程序源文件和主程序文件。

其次，需要打开 Keil 软件并且新建一个工程文件，按照一定的设计需要将工程文件进行重新设置，将设置好的工程文件存放到 mdk 文件夹中。

再次，需要在 keil 软件中新建 main.c 文件和模块程序源文件，并且新建好的文件存放到 src 文件夹中，同时将所有的 C 文件依次添加到工程中。

最后，需要开始对 C 文件进行编译工作。简单设置编译输出的选项；在标签页 "Output" 页面中 "CreateHex File" 的选项前打钩，并点击页面中的 "Select Folder for Object" 按钮，将其存放到 obj 文件夹下；标签页 Listing 页面中同样有 "Select Folder for Object" 按钮，点击后设置到 obj 文件夹下，通过这样设置编译生成的 Hex 文件和过程文件都会放在 obj 文件夹。接着对每个模块的 C 文件进行编译，如果出现错误，则按照相应的提示进行修改。在模块编辑完成之后，需要对工程中所有的 C 文件进行编译处理。编译完成之后会直接生成与工程同名的 Hex 文件。

最后两步操作是整个模块化编程的重点，为了能够加强理解，可以选取比较简单易懂的数码管秒表为例进行相应步骤的讲解。在没有使用模块化编程之前，程序结构较为简单，所使用到的数码管秒表语句也比较少，在使用模块化编程之后，整个程序结构变得非常清晰，也比较容易进行修改与移植。

（一）对模块进行划分

根据程序设计的要求以及所具备的功能，可以将整个工程划分为四个模块：主程序、延时模块、定时器模块和 LED 模块。其中延时、定时器和 LED 模块是由 H 文件和 C 文件组成，H 文件是该功能与外部的接口，而 C 文件则是负责实现具体的功能；在模块中 C 文件上会写明是程序代码，在这个文件中包含了能实现功能的源代码，编译器从该文件编译，并从中生成目标文件。模块中的 H 文件是头文件，头文件起到说明书的作用。阐述了该模块提供的接口函数、接口变量、一些重要的宏定义和结构信息。头文件必须以标准格式写入，否则将出错。重要的是要注意，为了清楚地知道哪个头文件对应哪个源文件，头文件和源文件的名称应该保持一致。

（二）对模块进行编写

对于延时模块而言，可以在原始的程序中将其进行修改出来，具体的操作步骤是：首先，编写一个 delay.h 文件，用于声明可以在外部调用的函数，创建一个新文件，并保存名为 delay.h；其次，写一个延时 delay.c 文件，这是延迟模块的具体操作。它可以直接复制和粘贴延迟功能在原程序中，文件开头必须 #include "delay.h"。因为 uchar 用于 H 文件和 C 文件，所以必须添加 #include "common.h" 在文件中。Typedef 方法通常用于定义常用的数据类型，以便形成名为 common 的头文件，以便它可以直接在项目中的其他文件中调用。根据以上步骤，编写了定时器和 LED 模块，将 H 和 C 文件保存在 src 文件夹中。

（三）编写主程序

将上文中所有编译好的程度调用到一起，可以在对原始程序进行修改时得出相应的程序。需要注意模块变量的使用，尤其是对全局变量而言，更需要注意。

（四）对每个模块进行编译

编译各模块后四个模块。在编译每个模块没有错误之后，所有文件都被编译。在没有错误提示之后，软件自动生成十六进制文件。将模块化设计的数码管式秒表与原来的数码管式秒表相比，模块化的主程序只有十几句话，各功能模块的语句功能简单易移植，整个工程程序的结构简洁。

上述项目的程序功能比较简单。通过对简单项目的模块化程序设计改造，能快速地掌握单片机的模块化程序设计方法。当程序功能复杂、资源较多时，必须采用编程模块化进行设计。

第十节　基于单片机的温度控制系统设计

本节在单片机温度控制系统的功能与工作原理的基础上，分析了温度控制系统的温度检测方法，研究了基于单片机的温度控制系统的设计，发现基于单片机的温度控制系统具有科学的控制产品生产所需的温度，有效提高被控温度的指标的优势。因此，通过设计基于单片机的温度控制系统，对于该系统未来在我国有更好的发展前景意义重大，希望通过这次研究，为相关设计人员提供参考。

随着电子技术的快速发展，尤其是大规模集成电路的应用，有效提高了工程控制的精确度。在工业领域，单片机的应用比较广泛，单片机将中央处理器、存储单元、I/O 接口等集成在一个芯片，操作便捷，单片机还具有性能稳定，可靠性高的特点，可以满足复杂的工业环境下运行条件需求。温度是工业生产中的重要参数之一，温度测量在工业设计、产品生产等方面有着至关重要的作用。所以，本节提出将单片机应用于温度控制系统的设计中，有效实现对产品温控，使系统具有用户体验良好、操作方便、自动化程度高等特点。

一、单片机温度控制系统的功能与工作原理

为了保证基于单片机的温度控制系统设计工作能正常、有序、顺利开展，首先要保证相关设计人员对单片机温度控制系统的功能与工作原理有一定认识和理解。

（一）单片机温度控制系统的主要功能

单片机作为温度控制系统元件中的核心元件之一，对有效的控制工业生产温度和农业生产温度尤为重要。通常情况下，单片机的主要功能是通过科学合理的监测温度，实现对温度大小的精准控制，采用媒介传输的方式，将控制后的温度值传送给监控人员，供监控人员做出相应的处理。通过将单片机温度控制系统应用到农业或者工业实际的产品生产中，有效提高温度控制效果、保证产品生产所需温度、提高产品的生产质量和效率。

（二）单片机温度控制系统的工作原理

单片机温度控制系统的工作原理主要是相关设计人员利用传感器的测量优势，在转化温度信息为电压和电流等电学物理量信号的基础上，采用传感器测量法，对电压和电流等电学物理量信号进行放大处理，以准确获取温度相关信息，从而有效控制单片机可处理温度范围。当电压和电流等电学物理量信号达到了单片机处理既定范围后，相关设计人员对温度相关信息进行分类归纳、过滤处理，然后将转换后的温度信息以可视化界面的方式展示给用户，有利于保证用户良好的视觉体验。

二、温度控制系统硬件电路设计

（一）单片机模块设计

由于该温控系统设计方案数据量不大，所以通过将 AT89C51 作为该系统的核心元件，该组件无法独立工作，需要与时钟、复位电路相连接，并且确保 EA 接高电平，ALE 及 PSEN 信号不接，即可实现系统正常工作。时钟电路运用内部时钟方式，以晶体振荡频率确定振荡器频率。经某方式调整单片机各个寄存器数值为初始状态的操作过程即复位操作，可以对于系统异常或死机情况下进行手动复位。

（二）A/D 转换模块设计

在设计硬件系统中运用 TLC2543 该串行模数转换器，实现 A/D 转换过程，该元件能够达到较高分辨率且性价比高，所以应用于本次系统设计模数转化器，并设计输入一路模拟量选择 AINO 一路输入通道。

（三）液晶显示模块设计

对于现代化自动智能仪器，日常应用较广的包括 LED、LCD 小型输出型显示设备，其中，LED 只可显示特定的字符或数字，对图形、汉字信息无法显示。但是 LCD 则能够将任何数字、汉字、图形都灵活显示，具有较强的交互性。所以 LCD 被广泛运用于高档仪器设备中，本次温控系统硬件设计采用 C21 编写的 LCD 显示程序，能够达到较强可读性且修改便捷，最大化满足用户使用需求。

（四）声光警报模块设计

在该系统中设计了两个普通 LED 灯作为警报模块元器件，假若要求更大功率光报警可以设计单片机对继电器控制，从而实现控制白炽灯。运用普通 NPN 型三极管 9013 驱动直流蜂鸣器，整体电器设备的设计构造十分简单可靠，被广泛运用于诸多实际电路中。

（五）硬件电路开发

硬件电路是基于单片机的温度控制系统中重要的组成部分，它对该系统性能起着决定性的作用，通过将传感变送器与其他设备进行有效的连接，有效地提高了该系统对温度的控制效果。同时，相关设计人员要充分结合内外环境的变化特点，通过对该系统的功能进行不断的优化和完善，例如：对键盘灵敏度、警报电路的性能和电路组织设计等功能。为了确保该系统能充分利用单片机的使用优势，相关设计人员需要对该系统安装微处理器，从而大大保障该系统的硬件电路的实效性和通用性，从该系统的硬件电路组装情况来看，在设计基于单片机的温度控制系统的过程中，主要采用了高性能处理器，有效地提高了该系统的运行效率，同时，为了有效地提高该系统对数据的处理能力，实现对通信和存储方式的优化，需要设计人员借助可控硅对温度进行合理控制。

三、温度控制系统软件设计

为了最大限度地保证基于单片机的温度控制系统的通用性和强大功能，该部分系统软件设计主要包括了主程序、模数转换、液晶显示、延时四大模块。由于直接采用芯片厂家提供的驱动类显示程序，本部分仅对主程序、延时模块进行介绍。

（一）主程序模块

基于单片机的温度控制系统要想能正常、可靠的运行，除了需要有硬件提供技术支撑外，还离不开软件的支持。软件的各个功能需要用编程语言来实现，为了最大限度地提高软件开发的效果，需要将主程序的功能与各个子模块的功能进行有效的分类和归纳。通常情况下，主程序的功能主要是指在不同时刻对温度进行及时的监测并展示。通过对温度信号完成数模转换，后加入至单片机 P3.0 口，即可完成对信号的运算处理，对比既定温度范围。一旦温度低于既定最低温度或高于最高温度，即可发出声光警报。经一定时间延时，即可对下一组温度采样信号进行比较。

（二）延时模块

本次设计运用单片机定时器 TO，能够实现定时 / 计数器 TO 该工作方式设置，从而输入尚未完成的温度信号定时采集。该定时器经软件编程制定通过最初运用该定时器时，应当完成初始化处理，根据所设定的功能工作确定初始步骤，通常包括了确定 TMOD 赋值也就是系统工作方式后，预先设置定时初值，并开放定时器中断后启动。

（三）编译程序

运用 Keil 软件首先完成项目创建，选择与系统一致的单片机型号，之后创建新文件保存自己的系统程序后，再添加程序展开程序编译，对于编译时点击菜单编译文件，直至未出现错误后，在单片机芯片中录入 hex 文件。

综上所述，硬件开发与软件系统开发是设计基于单片机温度控制系统设计过程中最重要的两个环节，因此，为了最大限度地提高基于单片机温度控制系统的设计水平，给用户带来良好的体验，需要加大对这两大环节落实的重视度。首先，经开发基于单片机温控系统的硬件电路，提高硬件的运行性能，其次，经软件开发增强了各个模块之间的联系性。所以经过本节设计基于单片机的温度控制系统，能够实现温度在低于既定最低温度或高于最高温度时，发出警报并发送至监控人员，实现温度的实时控制。

第四章　单片机原理的基本理论

第一节　单片机的原理及接口技术

在现阶段的众多领域中，都能够发现单片机应用的身影。而对于单片机而言，若想在更多的生产与生活领域中应用到单片机技术，则需要对单片机的作用原理及接口技术等做深入的探讨和分析，以此来掌握单片机所能够应用到的领域和范围。同时，通过对单片机的原理及接口技术的灵活掌握与运用，才能使单片机技术得到更深程度的技术发掘和运用。因此，对于"单片机的原理及接口技术"的研究，就具有极大的现实意义。

一、单片机的原理

对于单片机而言，是一类集成芯片的总称，也可将其理解为能够独立工作的微型计算机。在此单片机的芯片上，会涉及 CPU、ROM、RAM 等通过 I/O 接口进行结合的独立运转系统。而针对不同的应用范畴和领域，还应在单片机上添加相应的部件，以此来确保单片机各种功能的应用于实现。而单片机的设计思路，应追溯到 20 世纪的 80 年代，专家和学者们，希望通过一块较小的继承芯片，来容纳单片机中的处理系统及众多外围设备，这将使得此类集成系统的效果更佳的优良，并同时能够使单片机内的系统等得以相应的收缩。可以说，对于单片机来讲，其主要的功能，即是进行实时控制功能的实现，并能够做到在线操控。而单片机芯片内由于部件的收缩与削减，使得其并无较好的抗干扰能力，这便需要针对单片机所应用的领域与所实现的具体功能，来对其抗干扰能力进行必要的加强。此外，单片机能的程序也可通过不同的功能而做出相应的调整，并配以相应的辅助部件，以达到较为特殊功能的实现。有时在完成较为大型的功能及任务时，还可将单片机中用作不同处理与运行功能的芯片进行整合，这不仅加强了单片机的智能化程度，还在很大程度上提升了单片机的工作效率。

二、单片机的接口技术

现阶段，在投入应用的众多类型控制器中，均使其智能化水平得到较高的发展与提升。直至现阶段为止，众多新型的设备，已经逐步取代了以往较为落后的输入与输出设备。伴随着时代的发展和科技的进步，越来越多外形各异，且价格低廉的 USB 存储设备，受到人们的普遍关注与喜爱。并且，此种带有 USB 接口的存储设备随着技术的革新，变得愈加的符合人们的需求，不仅内部的存储空间增大，其体积也在随之减少。同时，此类 USB接口的存储设备，逐渐发展成为能够随身携带的 U 盘或移动硬盘，在功能性上较之传统的软盘，从各个方面都体现出碾压性的优势。而且，由于其能够与计算机接口直接连接，进行数据信息的读写功能，使之应用范围愈加深入与广泛。其接口原理为：通过 SL8HHS芯片及相应的 USB 协议，使其能够通过芯片所涵盖的双任务端口，将由芯片读取的各类信息，写入 U 盘之中。因此，SL8HHS 芯片能够达成单片机与多种 USB 之间的相互连接及数据传输功能。并且，依据单片机的功能，其能够操控所收集到的数据信息；USB 控制其则能够操控 U 盘及其起到连接作用的接口，并进行数据的接收与传输；RAM 则可进行数据信息的临时缓冲存储。通过此种接口技术，并配以其他配件芯片，实现了单片机的各类信息读取、传输以及写入等功能。

三、单片机所应用到的领域

根据上述单片机的作用原理，可将其应用于众多电子信息设备与仪器之中。例如：单片机在工业操控技术中的应用、在各类仪器与仪表上的应用、服务设施中的应用以及众多为人们生产与生活提供便利的领域等等。由于单片机自身所具备的特点为体积小、能耗低，但功能性与可操控性方面则较为强大，这使得将其应用于智能化的操控设备与仪器中，将会发挥其极为明显的功用。若将其应用于智能化的仪器或仪表之中，则能够对仪器设备中所涉及的各类数据：温度、湿度、运转速率、额定功率以及最大功率等数据信息，进行准确的测算及控制。同时，由于将单片机应用于此类具有智能化的仪器或仪表之中，也能够使此类仪器仪表的自动化水平得以进一步提升，从而真正实现其自动化水平增强。若将单片机应用于工业化的机械或设备操控上，则能够促使工业化机械及设备在操控效率和便捷程度上得以提升。现阶段，由于科学技术的改良与完善，使得单片机技术逐步进入人们生活的视野，为人们的日常生活提供多样化的服务与便利。例如：我们在日常生活中应用到的电视、冰箱、洗衣机、热水器、空调以及其他家用电器设备，都含有单片机作用的功劳。而随着互联网＋时代的进入，使得单片机在接口技术上有了全新的发展与突破，即能够通过所增加的通信接口来逐步满足计算机及网络通信间的数据传输功能。此外，在航天、医疗、国防以及科研等领域里，单片机都在不同程度的发挥着其巨大的作用。

四、单片机研发的主要方面

首先，是将单片机的抗干扰能力通过研发得以加强。现阶段，单片机进行干扰排除的方式主要为外部操作，即将干扰源或干扰路径切断。虽然也能够起到防止干扰的作用和效果，但却无法做到真正意义上的抗干扰。对此，应从单片机的硬件方面入手，逐渐将其抗干扰能力加强。其次，是要将单片机编程效率提升。在对单片机进行编程的过程中，所应用到的语言类型大多为 C 语言，若要提升单片机编程效率，则应在不断加强 C 语言编程效率的同时，还要尽量找寻出效率更高的编程语言类型，以此来提升单片机编程过程中的实际效率。

综上所述，文中通过对单片机的作用原理及接口技术的分析与研究，总结出单片机所能应用到的领域。并通过分析得出，若要将单片机进行深入的应用，则应当从提升单片机的抗干扰性以及加强编程语言的效率等方面入手，唯有如此，才能使单片机技术在更多的领域内得以应用，并对社会的生产和人们的生活，产生更为多样的效用。

第二节　单片机原理及其系统维修

单片机应用广泛，功能强大，且计算性能稳定，但在工作过程中依旧存在漏洞和问题，易产生故障，因此，有效的维修工作对于单片机正常运转必不可少。本节在探讨了单片机的工作原理之后，对单片机容易出现的问题进行了总结，提出了单片机维修的相关建议和注意事项，以保证单片机的正常运转和工作。

早期计算机的出现初步实现了人们对于机器代替人工的设想，但是随着生产生活工作的复杂化和多样化，体积更小，计算性能更加稳定的单片微型计算机出现，也就是本节中的单片机，单片机在经过几十年的发展和革新中，实现了不断的增强，现已被广泛应用与人们的日常生活和生产过程中。

一、单片机原理和应用

随着科技的进步和新型科研工程的发展和出现，人们对计算机的性能需求不断提高，计算机的存储空间和计算速度直接影响科研项目的进度和实现，因此在各方的要求和推动下，单片机应运而生。简单分类，单片机属于一种集成的电路芯片，能够将一台计算机浓缩到一个芯片上，形成一个微型的计算机系统。单片机主要通过现今的超大规模的集成电路的研发技术，把中央处理器、存储设备、不同的中断系统以及转换器和定时装置等具有各自独特功能的系统和装置进行集中浓缩，放到一片硅片上，从而实现了体积和外观的缩小化处理，在丝毫不影响功能性和计算能力的前提下，节约了空间，拓宽了应用的范围。

二、单片机系统维修及注意事项

单片机的本质其实就是一种单片型的微型计算机，是将大型的计算机内部装置进行浓缩，集中到一片硅片上的产物，功能和工作原理都属于对传统计算机的保留和发展，能够进行软件编程和数据传输、接口的扩展等工作。因此在使用和运转过程中存在问题，可能会由于各种原因产生故障。故障产生的原因可以分为内部因素和外部因素两方面。

（1）内部故障。其内部故障可能是由于电路的老化、按键的失灵、显示器的损坏等。由于单片机本质上就是一种微型的计算机，因此在进行检修时，可以参考计算机故障维修和检测的方式方法，但是在针对内部故障进行维修时，由于受到单片机整体体积较小的影响和限制，所以故障的维修过程不能够对计算机的维修要求生搬硬套，要实事求是，根据具体的故障原因和损坏部分进行排查寻找，要求维修过程尽量精细化与准确化，防止出现维修过程中将正常工作部分进行损坏的状况发生。

最常用和常见的对于单片机的维修方法有：观察和闻嗅的方法、排除法、分段检测法、最小误差的方法、对比替换法以及实际敲打的方法等多种。这些基本方法能够帮助操作检修人员在第一时间快速高效地找到单片机的故障原因和故障单元。其中观察和闻嗅的方法是单片机系统发生故障时第一要做的检测动作，首先要观察单片机是否有可观察到的燃烧或者断裂的损坏，其次闻一闻有没有由于短路或其余故障造成的烧焦的味道来判断单片机是否有工作异常，这一举动不仅仅是检测时应用，在平时对单片机的使用过程中，也应要求操作人员时时把控单片机的运作状态，一旦发现异常，立刻停止使用，防止造成更大的损失。对于排除法和分段检测法，都能帮助检修人员比较快地找到故障的部位，可以把单片机中的各个单元和部分进行分割，分别进行检测，运用电阻或电压的检测方式来寻找短路和断路位置，从而精准定位。也可以将疑似故障的单元单独分离，观察单片机的运作状态，如果发现分理出部分之后，单片机可以恢复正常运作，那么故障单元就成功找到。对比替换的方法和排除分离的方法类似，将每个单元逐一进行替换，替换到某部分发现成功形成通路，那么就找到了故障的单元。最后的实际敲打的方式，即检修人员通过对单片机进行敲打和变形，来观察是否有通路形成，因为单片机有时的停机故障，其实是由于内部的线路或者部件连接出现了松动和断裂，通过人为的震动和敲打，能够暂时恢复连接，帮助人们找到故障原因。

（2）外部故障。外部故障是指从单片机的外观上直接可视的故障。一般由于人工的操作不当造成了单片机的外观损伤和开裂，从而发生故障，因此对于外部故障的检修，首先要确保单片机的电源是否成功接通，是否通电，在确定单片机成功通电之后，需要维修员对单片机整体的各个部分和装置分别进行测试，验证故障的部分到底是某一个装置还是连接线路的问题。由于单片机的外部故障多数都是由于人为操作不当或者对于单片机的使用条件不了解不熟悉造成的，因此，除了对单片机进行及时的故障检修之外，对单片机使用人员的专业能力和素养的培训也是非常重要的。在使用单片机之前，应该对在岗的相关技术人员进行课程培训和练习，让相关人员充分了解单片机的运作条件以及熟练操作，并且提高操作人员的安全意识，积极防范单片机故障所带来的危险情况。

单片机作为一种微型的计算机和控制器，经过几十年来人们不断地钻研和革新，形成了如今人们生活中不可缺少的一部分。它在实现生活现代化、智能化、自动化方面功不可没，渗透到了各个方面中，为人类的发展和社会进步做出了巨大贡献。

第三节 单片机原理课程的计算思维能力培养研究

在传统的单片机原理的课程中，注重的是单片机原理和汇编指令的介绍，考核过程强调基本知识的掌握，在整个教学过程中并没有系统的把计算思维融入其教学过程中，因此学生很难将单片机的知识转化为能力。针对以上的分析，将计算思维能力的培养融入单片机的教学过程，以达到充分优化教学环节和培养学生实践能力的目的。

单片机原理及应用课程是电类专业以及部分非电类专业的基础课程，该课程结合了电子技术，计算机程序设计技术等内容，是一门应用性很强的课程。从国内的教学内容上来讲，多数高校还是以经典的 51 单片机为核心，教学内容主要包括了 51 单片机的硬件结构、汇编指令、汇编程序设计、片内硬件资源的使用如定时器、中断系统、异步串行通信接口以及接口技术等。

一、计算思维能力

计算思维从本质上而言源自数学思维，因此像其他所有的科学一样，其形式化解析基础是建立在数学之上。计算思维和工程思维的具有互补性与融合性。计算思维，本身代表着一种普遍的认识和普适的技能，涵盖了反映计算机科学广泛性与深入性的一系列思维活动。计算思维能力是美国的计算机科学专家周以真教授提出的，他指出计算思维是每个人都应当拥有的基本技能，无论是计算机科学家还是使用简单运算的学生都需要具备此解析的能力。计算思维是一种递归性思维，用海量的数据可以基础概念抽象化和分解化去求解、设计和理解具有复杂化系统的问题。

随着信息化进程的全面深入与泛在化程度的加深，计算思维已经成为人们认识、理解和解决问题的基本能力之一。计算思维作为一种素质，或一整套解决复杂事物的一般问题的方法与技术所有受教育者都应该具备的此能力。在信息化社会，一个人如果不具备相应的计算思维的能力，将在学习和工作的竞争中处于不利地位。

对于大多数的非计算机专业的电类专业，如电子信息工程，电子信息科学与技术专业的培养过程中也设计了部分计算机专业的专业基础课程，如 C 语言程序设计，微机原理与接口技术，数据结构，数值分析等课程，使学生具备了计算思维能力培养所需要的基础。但是不同于计算机科学与技术专业的培养，在其后续的课程中则偏重于信号和信息的处理等课程，在后续的课程中强调的是将计算机技术应用于本学科问题的解决。因此对于电类专业学生的培养过程中加强计算思维能力的培养是至关重要的。

二、单片机课程中的计算思维能力培养

在传统的单片机原理的课程中，注重的是单片机原理和汇编指令的介绍，同时在考核过程中也是强调基本知识的掌握，在整个教学过程中并没有系统的把计算思维融入其教学过程中，因此对于很多学生来讲，学完这门课程只是对单片机的知识了解了一遍，没有激发出学生的学习兴趣，并且很难将知识转化为能力。针对以上的分析，将计算思维能力的培养融入单片机的教学过程可以充分优化教学环节，培养学生的思维创新能力。

（一）结合项目式教学

单片机课程的知识点和计算思维能力培养可分解为独立的子课题项目进行，各个子课题之间都具有联系性并服务于课程整体的知识体系，选择一个合适的项目题目，围绕这个具有单独教学目的的子题目，让学生围绕该项目进行程序设计的循序渐进的学习，致力于思维培养的连贯性。比如，选择基于 51 单片机的计算器这个题目，单片机这门课程的特点是硬件和软件相结合，硬件是基础，软件是灵魂，在这个题目包含了相关的硬件设计，如矩阵式按键，液晶或数码管显示接口，软件上则包括了相应的硬件驱动，计算程序的相关算法，让学生围绕这个题目展开思维的培养，可以使学生在学习单片机的过程中做到有的放矢，而不是毫无目的的去记忆些汇编指令或者的 C 语言指令。

（二）加强实验上机，体现计算思维

重视实验上机教学与学生的实践能力过程，加强计算思维能力的在实践中的具体化过程。一般的单片机教学过程中，实验的比重并不是很大，针对这门实践性很强的课程有必要提高上机实验的比重，同时围绕项目教学的核心，在实验的过程中也是围绕项目题目逐步展开实验教学，让实验的教学保证连续性，规范上机流程，强调过程培养的目的性，比如在上机过程中，在教师讲解完之后，学生应当遵循"实验题目分析 - 硬件设计 - 软件算法设计 - 编写代码 - 仿真 - 连接硬件电路 - 下载调试"的顺序，引导学生在实验过程中逐步培养良好的计算思维能力和编程习惯，帮助学生举一反三地学习好单片机原理这门课程。

（三）课程模式的创新

以多维角度进行课程教学模式改革，将计算思维能力培养融入单片机课程，课程建设中体现计算思维能力培养的整体知识架构、具体路径与实践表现。

在授课方法方面，在课程教学内容未调整情况下，通过改进教学方法（例如开展小组专题研讨、项目式问题引导、小组讨论和反思、自我总结与实践的建构等）引导学生体会单片机课程及知识体系之下所蕴含的计算思维规律、系统化特征及一般方法；在授课内容重组方面，单片机课程教学的知识点相对比较基础且具有系统性，在学生具备一定专业课的基础上，进行课程设计，但需以计算思维为主线进行知识体系的重新组织，并在课程内

容的结构进行有大幅度的调整与重组。在授课内容和方式的改革方面，将课程教学知识点进行加大和突出，通过与思维训练有关的知识点的结合，开设实验课程进行内化知识的外化过程，加强计算思维的通识基础培养。

单片机原理课程是大学生思维能力培养的重要课程之一。在教学改革过程中不仅要求授课教师在教学理念上的转变，同时在授课及课程体系上要以培养学生计算思维能力为最终目标，对单片机原理课程进行全面的提升与改革。因此，推动计算思维观念的普及，致力于计算思维的常识化，促进在教育过程中对学生计算思维能力的培养，有利于提高大学生在未来竞争环境中增强竞争力。

第四节　STM32 单片机的原理及硬件电路设计探讨

信息时代的到来为各行业领域的发展注入新鲜的活力，以其中 STM32 单片机为典型代表，其是现行嵌入式系统设计中的重要组成部分，相关如触摸屏设计、抛丸机控制系统设计、电子皮带秤仪表设计等需依托于该单片机的作用得以实现。对此，本节将对该类型单片机的相关概述、应用的功能原理以及设计硬件电路的具体路径进行探析。

不可否认我国近年来各加工元件设计、电路设计中多注重将 STM32 单片机考虑其中，获取较多的收益与使用价值。但相比国外发达国家，该类型单片机在使用中仍表现出一定的滞后性，究其原因在于未正确认识其应用原理且在硬件电路设计方面存在较多弊端，制约该类型单片机作用的发挥。因此，对其应用原理分析并提出相应的硬件电路设计思路对应用效果的提高具有十分重要的意义。

STM32 单片机的设计主要源于意法半导体公司，其在项目开发过程中主要将该类单片机细化为基本型、增强型以及互联型等。从系统架构上看，相比传统大多低端单片机，其在处理器上具有极强的优势，包含许多丰富的内置资源，而且在高级定时器设计其中的同时可实现十二位 AD 集成的目标。同时在设计过程中其内核也可满足嵌入式应用底层要求，是现行大多设计领域中应用的主要单片机之一。若从存储容量、单片机性能角度，该类型单片机由体现在通用型与增强型两种，二者差异更多体现在时钟频率方面，以后者为典型代表，其在时钟频率方面极高，所表现的性能也极高。但实际应用中在存储容量方面都进行闪存的设计，区别之处在于接口方式不同且容量大小不一致。

一、STM32 单片机的功能介绍与应用原理

该类型单片机应用的优势主要体现在其融入传统单片机优势的同时在整体设计结构上进一步创新。其中在中央处理单元设计上，其主要为零等待处理器，在无须响应时间的基础上能够执行数据处理操作，且相关的数据计算过程仅需一机器周期便可完成。而在接口

设计方面，其包含的引脚与接口都可满足单片机应用需求，从其内部接口看除将温度传感器集成其中，模数转换器也具备较强的数据采集能力。同时，该类型单片机在使用中在性能上超出一般单片机许多，其主要原因在于微处理器接入的基础上，定时器的选用也由高级定时器取代传统通用类型，加上许多接口在外围设备进行集成，有利于提高数据传输效率。此外，为保证该类型单片机作用得以发挥，内部结构也将存取寄存器设置其中，其优势在于不影响中央处理单元的处理时间，数据能够直接向处理中进行传输。

从该类型单片机的应用原理看，除中央处理单元与存储器功能得以发挥外，其他可组成构件都具有不同的功能原理。首先，首先从嵌套矢量中断控制器应用方面，其在整个单片机中的原理主要变现在对可屏蔽中断通道进行处理，并将向量表地址传递于内核中，并采取优先级判断方式完成终端处理过程中，当终端结束后无须指令干预便可自动恢复。其次，在电源管理方面，该类型单片机在设计中便将上电、掉电复位电路设计其中，其作用在于可是设备在启动或掉电过程中无须外部复位电路仍可以复位模式的状态存在。再次，单片机设计过程中为保证电压得以控制，将调压器分别设置为主运行、低功耗运行以及掉电运行三种模式，避免核心电路发生掉电并保证寄存器数据的完整性。最后，低功耗原理。该单片机应用的优势更体现在低功耗模式的设计方面，包括休眠模式、停止模式以及待机模式三种。其中在休眠模式方面，当中央处理单元停止运行，外设仍可保持运行，直到出现中断情况中央处理单元将被唤醒；在停止模式方面，对于无须运行的功能可直接利用调压器进行低功耗模式的调节；而待机模式的功能也体现在减少功耗方面，通常除待机模式下，相关的构件如振荡或调压器等都保持关闭状态，直到外部复位出现警告才结束待机模式。

二、硬件电路设计的具体思路

（一）供电模块设计思路

该类型单片机在电路设计过程中主要以嵌入式为主，设计中首先需考虑供电模块的设计。由于单片机在应用过程中需包成其超低功耗模式的实现，需利用通用串行总线与电脑进行连通。但需注意的是该类型单片机所选用对处理器本身涉及较为宽泛的供电范围，满足硬件电路设计要求需保证供电电压适中，可采取的方式主要以压降为主。同时供电电路设计中还需保证在与电源波动性相适应的基础上，将滤波电容设置在电源输出与输入端中。

（二）复位电路与转换电路设计思路

从该类型单片机运行原理可看出，其将休眠模式融入其中，很可能存在程序初始化的情况，对此便要求做好复位电路设计工作，确保系统不会受到上电断电影响。具体设计过程中，主要对单片机、电容复位引脚进行连通，其以回路的状态存在，这样只需将电容设置于案件中便可使电容执行充电或放电过程。另外，在转化电路设计方面，由于单片机应用的领域不同，其涉及许多如湿度、浓度或电流等内容，很难直接将模拟数据显示出来，要求进行数字量的转化，保证单片机能够完成数据处理过程。设计过程中需保证转换器包含六个外部通道，其可使十八路通道都得以测量，无须进行转换芯片的外接便可保证转换电路设计更为合理。除此之外，电路设计过程中还需考虑到串口通信设计功能，由于转换器无法直接显示实验数据，需在串口通信的帮助下使数字量变化通过电脑端显示出来。一般串口通信设计中利用传统接法进行连接即可，但需保证其具备相应的复用功能，这样便可实时监测数字量变化情况。

STM32单片机以其自身性能高、适用性强等优势被广泛用于很多设计领域中。实际应用中应注重对其构件功能、运行原理进行分析，同时从供电模块、转换电路、复位电路以及串口通信等方面做好电路设计工作，这样才可使该类型单片机的作用得到充分发挥。

第五节 单片机原理及应用教学中应用任务驱动教学法

由于《单片机原理及应用》课程所涉及的知识十分专业，其内容主要包括软件编程和硬件设计，范围广、难度大，老师们普遍认为该科特别难教，而学生们的考试也总是挂红灯。了解到这个情况后，教育部门迅速做出反应，要求各大高校针对《单片机原理与应用》这一类难教难学的课程提出要深入改革，提升教学质量。推行改革以来，各大高校纷纷采用新的教学方法，其中任务驱动教学法在新课程教学中取得了显著的成效。

一、任务驱动法教学内涵

在教学中都强调学生们的主动性，这是建构主义理论的核心意义。而任务驱动法则是在建构主义理论的基础上，强调团结协作与探究学习。任务驱动法首先要求教师对所要教授的课本内容了然于心，根据自己多年的教学经验，将课本内容进行归纳总结，然后以具体任务的形式布置给学生。同学们在完成任务前必须认真阅读教材，对知识有充分的理解。这个过程有助于学生解决问题能力的提高，能使他们真正学到知识。教师的作用不再是单纯的授课，给学生强行灌输知识，而是起到组织学生、引导学生的作用；学生由被动学习转变成主动学习，成为任务中的主力军。任务驱动教学法不仅可以提高学生学习的积极性，而且对培养他们的团结协作能力与实践能力也有积极的影响。

二、任务驱动式教学法的应用

驱动式教学法要求在整个实验教学过程中，以完成一个个具体实验任务为线索，把单片机的理论教学内容巧妙地隐含在每个实验任务之中，引导他们学会如何去发现、思考，如何去寻找解决问题的方法，最终让学生通过自己的努力和教师的指导，自己解决问题。

下面以实验任务"单片机控制 LED 闪烁"讲述任务驱动式教学法的具体实施过程。

（一）初步分析

对于新布置的任务，第一反应是要进行初步分析。结合已学过的关于电路的知识，从任务说明着手了解到要组成一个什么电路，又需具备什么部件。在思考中学生不仅对学过的知识有巩固的作用，还能学习到不少新知识。另外，教材上的知识点哪些是相对重要的，哪些又是难以掌握的，这些问题在学生的心中又会有了新的答案。

（二）实际操作

对任务有了大概的了解之后，学生们就可以着手操作起来。教师可以引导学生先制作程序流程图，由于编写程序是一个复杂的过程，而且除了极个别学生在没有人指导的情况下能编译出完整的程序，普通学生根本无法独立完成这个过程。这时，教师就可以适当给出参考，告诉学生如何使用模拟仿真软件与下载文件。但还要给学生留出足够的思考空间，鼓励他们自己学习"ISP 下载软件"，并动手操作。将理论知识运用到实际操作中，有助于培养学生的操作能力和创新能力。

（三）观察调试

观察与调试是完成任务的一个非常重要的环节。当电源接通以后，学生要用纸笔严格记录好 LED 彩灯的现象。如果在测试过程中出现了故障，应及时做好记录，并找出各个环节的原因，针对原因找到解决问题的方案，检查程序代码，对有错误的地方及时修改并对观察与调试过程做出总结。

（四）分析论证

根据观察与调试得到的结果进行进一步的分析论证，学生通过不断分析、思考可以对实验任务有更加明确地认识，通过讨论可以交换思想，掌握一些新的知识点。在单片机控制 LED 闪烁这个实验中，学生们会亲眼看到 LED 灯有规律地闪动，从而将单片机与 LED 灯中建立起联系，知道这正是由并行 I/O 实现的；好奇心驱使着学生了解到存储器可以保存大量数据，其中包括单片机的程序；很快他们又可以想到定时 / 计数器影响着 LED 的闪烁频率，可以控制 LED 按照一定规律闪烁。在教师的不断引导下，通过思考，各个知识点都被串联起来，变得容易理解，学生们的学习积极性提高了，学习兴趣也更加浓厚了。

（五）教师点评

在完成实验之后，老师对学生取得的成绩表示赞赏，在充满欢乐的学习气氛中再适当讲授一些与电路和实验相关的新知识，老师会教授得更加认真，学生们也会集中注意力听讲，更加容易理解。

（六）任务总结

在单片机原理的教学中实行任务驱动教学法，不论是对于老师还是对于学生都是大有裨益的。教师注重引导，学生注重动手操作与思考分析，都朝着共同的目标奋进。

但在教学中，教师还应该考虑到不同学生的不同学习进度，采取回顾知识点的办法消除这种差距，提高所有同学的学习效率与学习质量。

综上所述，任务驱动教学法以任务作为驱动，在教师的引导下，学生通过不断思考和动手操作将理论联系实际，加强了对知识点的理解，提高了学习效率。任务驱动教学法不仅有助于提高学生们的自学能力，做到勤学爱学，而且对学生动手、观察和分析等综合能力有不可估量的影响。

第六节　校企合作的单片机原理课程建设思考与实践

随着教育改革的不断深入推进，人才培养模式正由传统封闭的学校教育转向现代开放的校企合作办学。而课程作为教育思想转化为现实的核心纽带，课程体系的改革是人才培养模式改革成功的一个至关重要因素。课程是落实教育目标的主渠道，是传授知识技能、形成思想观念、培养行为习惯、发展智力、培养能力的重要载体。因此，课程建设也需要向校企合作转变。以唐山学院《单片机原理》精品课建设为契机，课程组大力推进校企合作教学模式，使学校和企业都参与到课程教学的开发建设过程中，通过构建校企合作课程开发的互动模式，将两者的利益诉求有效连接，这有利于单片机原理课程培养目标的实现、课程特色的彰显、课程质量的提高。

一、校企合作课程开发的理论依据

校企合作课程开发的出现是受经济社会发展不同经济时期和哲学思潮的影响的。美国心理学家、动物心理学的开创者、教育心理学体系的创始人桑代克认为，影响人学习的主要原因是学习者对所学内容的学习兴趣、学习者的学习动机及其身体状况等等因素。如果设计课程内容对学习者没有吸引力，要使学习完全成功几乎不可能发生，就会出现教与学两张皮。因此现代教育的悲哀在于，教者洋洋洒洒、披肝沥胆播撒知识，学者昏昏欲睡不予接受。建构主义认为，知识不是简单地由教师自然传递给学生，而是需要由学习者主动地建造到自己的头脑里，学生不是得到想法，而是产生想法。建构主义强调学生是主动的学习者，学习要以学生为中心，提倡在以学生为中心的学习中包含情境、协作、会话和意义构建等四大要素。

基于上述理论，本单片机课程组认为，在单片机原理的教学过程中实施"在做中学、教学做合一"，以学生为主体，重视企业的情境教学和项目教学是校企合作课程教学的特色所在。需要强调的是，在校企合作进行课程建设的过程中，不同于定向培养，不能因为要求学生符合企业的需要就牺牲了学生的可持续发展，必须把学生的可持续发展摆在应有的位置。

二、校企合作课程开发的内涵与实践

（一）企业参与校企合作课程建设

校企合作开发课程是实现"能力本位"课程模式的有效途径之一。企业生产技术、岗位任务、职业能力都是课程开发所需要的第一手材料，而对这些情况最熟悉的人就是企业的实践专家。因此，本单片机课程组在校企合作课程改革实践过程中首先多方调查并召开校企合作研讨会，了解企业的实际需要，把握培养意向和目标，然后深入到多个用人单位，如大唐国际陡河电力实业有限公司、大黑汀水电站、蓝迪公司等、汇中仪表等，对其整体和具体的工作岗位调查研究，由此归纳出培养适应社会发展的、具备一定可持续发展的高技能人才需要创新的课程培养模式。

同时，让企业参与教学过程，邀请企业专家担任兼职教师，承担学生实训、实习以及毕业设计等实践教学环节，通过不定期的专题学术讲座、现场参观等多种途径把企业所发生的最新情况与教学内容紧密结合。这样不仅做到理论联系实际，克服教学上重理论轻实践的倾向，还可以丰富教师的知识，使师资队伍得到建设。

第三，可以构建适合教育特点的科研、教学实训基地体系。校企合作共建实训基地是学校深化教育改革，改善办学条件，增强培养能力，强化专业建设的有力保障。本单片机课程组与企业的紧密合作，建立面向市场的双赢式实训基地，在顶岗实习的基础上让学生大力深入企业，让学生和教师长时间参与到企业的工作尤其是项目研发工作中，既能体现企业对人才需求的迫切性和缓解企业用人压力，又推进了学生向职业人的转换，还能锻炼教师的实践能力，为学校带来横向课题，可谓一举多得。

（二）教师参与校企合作课程建设

由于教师熟悉教育心理和教育教学规律，在学校的课程实践中，教师是课程的执行者，最了解学生的学习特点，他们知道教育教学最需要怎样的课程。因此，校企合作课程建设的任务更适合以学校为主体，课程建设必须以学校教师为主要力量，由教师负责将企业提出的知识、能力和素质培养的要求在课程中加以实现。在校企合作开发课程中，要确立教师的主体地位，这是课程改革的首要因素。

教师要了解影响校企合作课程目标的因素都有哪些，掌握确定课程目标的技术。本单片机课程组首先分析了学校的总体人才培养目标和环境，在对学校环境有了充分了解和分析的基础上，开发的课程内容尽量偏向钢铁、化工产业，以适应学校所处地域（唐山）的特色。其次，要把握学生的实际，院校的办学目标是为学生服务，把他们培养成社会所需要的专业技术人才。所以在课程开发上要考虑学生的基础，包括高考成绩和选修课程；分析学生的需要，包括就业意向。再次，要注意企业人才需求。校企合作课程目标的确定，既要符合学校的整体要求，又要满足企业的人才需要，当然还要注意可持续发展。

教师要确定校企合作课程开发的内容，在内容的选择上要注意综合性和针对性。综合性是指在确定课程内容时，将学校、企业的因素考虑进去，围绕校企需要、需求的实际，合理安排材料，从而形成系统性、知识性很强的校企合作课程。针对性是指选择和组织校企合作课程内容时，教师可根据学校的办学理念、培养目标、学生的发展状况、企业的需求，并按照开发课程的逻辑顺序进行，以此来开发出针对性较强的课程。本单片机课程组收集了大量企业项目中的实际项目案例，以这些基于典型产品或服务所设计的项目为载体，并根据课程目标和教材对这些课程材料进行取舍、整理并按照课程知识点重组。尽量保证课堂使用的材料贴近企业实际、符合由易到难的教学规律，让学生学会完成工作任务的课程模式，从而真正回归到教育的本质。

要强化课程资源意识。从课程资源开发主体看，教师本身的素质使其能鉴别、开发、积累和利用课程资源。长期以来，课程模式将教育教学仅仅局限在学校的课堂，课堂是课程资源的唯一使用场所，而作为辅助教学的实验室、图书馆等则利用率非常低。教师应充分利用这些教育场所的课程资源，从这里寻求智力支持、技术支持，从而丰富课程开发的内容。本单片机课程组多渠道获取课程资源：一是论证选取优秀的单片机教材、补充完善实验室教学设施，使学校的教学资源价值得到充分利用。二是深入校外的图书馆、博物馆、展览馆、科技馆、科研院所等社会文化场所，寻找为我所用的课程资源。三是充分利用网络，获取教育资源，从而使自己成为一名网络资源的利用者与开发者。四是通过企业兼职、学习培训，获取实际操作技术，从而丰富完善课程资源。

以满足企业需求为目的，以实现学生的全面发展为目标，高校教育的课程以培养学生掌握企业实际所需的知识、能力和素质为目的，这是课程建设校企合作的必然结论。

通过不断的实践和探索，单片机课程组初步建立了校企合作的课程模式，教学质量得到了提高，毕业生的素质也受到用人单位的一致好评。

第五章　单片机原理与应用教学基础研究

第一节　单片机原理及 PLC 的教学创新

本节首先分析了单片机的原理，在此基础上提出了目前单片机原理课程教学中存在的问题，给出了将理论与实践相结合的教学创新方法，包括科学合理设置理论与实践相结合的课程体系、将单片机开发板运用于教学过程中、在教学中贯穿实际案例、设计合理的课程考核方式四个方面，旨在提升学生的学习效果，增强课堂的体验感。

一、单片机原理及其应用

单片机原理及接口技术是工科专业非常重要的一门专业必修课程，这门课程需要理论和实践相结合，培养学生的动手能力以及专业素养。单片机原理是几点等专业的必修基础课程，具有很强的实践性和应用性。但这门课程相对来说比较抽象，在学习的过程中学生可能会感到难以入门，或是感到枯燥部位，要对单片机有一个整体的全面的理解需要花费很大的努力。因此，很多学生在单片机原理的学习中感到难以掌握，从而失去了学习这门课程的兴趣，教师也会因此感觉到学生配合度不高。因此，探究单片机原理以及其课程创新具有重要的意义。本节将首先提出当前单片机教学中存在的问题，其次针对这些问题给出一些教学创新建议。

二、传统 PLC 教学模式存在的不足

（一）传统的被动式教学方式难以提起学生兴趣

现如今，绝大多数学校对单片机的授课采取教师讲解、学生被动式学习的教学模式，这种传统的教育模式固然存在弊端。在这种模式下，教师更加注重理论知识的传授，而实践技能的传输不足，难以达到满意的教学效果。在这种模式下，教师一般以单片机的结构作为出发点，接着讲授单片机指令系统和汇编语言程序设计方法，然后讲授单片机的外围接口技术。实践课程一般会安排在课程进行到一半的时候，但在课程的最开始，学生们对单片机没有一个概念性的认识，对所学习的内容很难抽象出一个整体的结构，即使进行了

一段时间的理论学习，也难以说清单片机的作用究竟是什么。这样一来，学生就容易失去对这门课程的兴趣，失去了学习的积极性，教师也很难进行接下来的课程，教学效果不理想。

（二）汇编语言存在不足

汇编语言的特点是具有可读性、能够运用的范围广、执行速度快，因此很多学校要求学生把汇编语言作为一项必须掌握的内容。在单片机课程的教学中，主要是把汇编语言作为主线来进行的，但汇编语言面向的对象是寄存器或是存储器，不是某一些比较具体的数据，因此汇编语言直接面向处理器进行程序设计。使用这门语言的用户，必须要对单片机的原理以及基础知识有一个很好的把握才能够轻松的使用汇编语言来实现一些功能。同时，在汇编语言的应用过程中，第一步是取数据，接着进行数据的运算和传输，从而这就直线性的增加了编程的复杂程度，并且控制系统越复杂，难度就会越大。这样就能看出高级编程语言在这个问题上的优点。

三、PLC 教学创新的几点思考

（一）激发学生学习积极性

只有学生对课程内容产生兴趣，才有可能学好这门课程。因此教师在课程开始时便要对课程内容进行一定的设计，注意教学内容的安排和讲授方式。不仅要把基础的知识传授给学生，还要运用一些简单的仪器，如单片机开发板进行演示，让学生对一些简单的单片机控制系统有一个全面的感受认知。在单片机控制中，比较基础的是流水灯单片机控制，教师运用流水灯单片机作为展示，能够向学生们展示一些生活中常见的现象，广告牌、交通灯都运用这些技术。让例子贴近生活，学生便会产生兴趣。或是利用单片机模拟出一个简单的电子琴，将流水灯和电子琴结合在一起，灯的亮灭和琴声相呼应，能够带给学生们一个非常直观的感受。接着让学生们举出生活中可以运用单片机的例子，拓展思维，并给予适当的引导和鼓励，让同学们对单片机产生兴趣，提升同学们学习单片机的信心，为之后的深入学习做准备。

（二）设置先行课程，打好基础

一些学生反映课程内容难度较大，课堂听不懂，这往往是由于课程开始的基础没有打好造成的。如果学生对一些基本的概念和原理掌握不够扎实，便会导致学生难以入门，整个课程学起来十分吃力。因此学校应当开设单片机先行课程，讲授模拟电子技术和数字电子技术，这样单片机运用的一些原理，如振动电路、存储器等部件就已经在先行课中得到讲解，学生在单片机课程中遇到这些专有名词就不会感到陌生。同时，教师在课程中一定要充分强调基础知识的重要性，并且设计一些课堂考核、课后作业，帮助学生巩固知识，达到教学目的。

（三）充分发挥多媒体教学工具的优势

随着多媒体技术在教学方面的应用越来越广泛，课堂变得越来越生动和便捷。很多知识通过多媒体教学工具就可以生动形象的展示出来。但目前多媒体教学工具在学校的应用，多是教师把书本上或是讲义上的内容复制到幻灯片中播放出来，没有利用好多媒体教学工具，其价值没有得到体现。在 PLC 的教学过程中，教师可以通过视频或是模拟操作的方式，在计算机上向学生们展示单片机的运用，能够很直观的以动画的形式将整个动态过程展现出来。这样既能够增加课堂的趣味性，提高学生的学习兴趣，也有利于学生更好地把握抽象的知识，形成更深刻的记忆。

总的来说，目前单片机的教学质量有待提高，教学方法仍存在改革的空间。为了帮助学生更好的学习单片机课程，调动学生的积极性，需要教师在教学时改变传统的教学方法，引入更加灵活的教学模式和教学工具，充分发挥学生的潜力，使学生对单片机课程产生兴趣。因此本节提出了以上创新实践方法，望对单片机课程教学起到积极的推进作用。

第二节　"单片机原理"课程德融教学模式

在国家大力倡导"各类课程与思想政治理论课同向同行"和"立德树人"的大环境下，培养品德高尚的、专业过硬的高素质专业人才是新时期高等院校的主要任务之一。与传统的教学模式相比，单片机原理课程德融教学模式以培养德才兼备人才为指导，以提高学生综合素质为目的，结合单片机原理课程的特点，将课程专业知识传授与品德教育有机结合，深化当前高等院校课程改革，构建高等教育创新德育体系。

习近平总书记在 2019 年 3 月 18 日主持召开学校思想政治理论课教师座谈会并发表重要讲话，强调"思想政治理论课是落实立德树人根本任务的关键课程"、"挖掘其他课程和教学方式中蕴含的思想政治教育资源，实现全员全程全方位育人"、"青少年阶段是人生的'拔节孕穗期'，最需要精心引导和栽培"。单片机原理课程是现代控制工程领域一门飞速发展的技术类课程，其教学及技术推广仍然是当今科学技术发展的热点之一。学习单片机原理已经成为电子类、通信类、自动化类、电气类学生必须掌握的一门课程，也是工科类学生就业的基本条件之一。然而单片机原理课程是一门专业性非常强的课程，如何在实际授课中将专业知识的显性教授与品德教育的隐性启发有机结合？这是笔者在德融教学模式研究中重点考虑的问题。下面主要从吃透课程内容、做好德融教学设计和选好教学方法和手段三个方面重点介绍德融教学模式的实施过程中如何将二者相统一的。

一、吃透课程内容

单片机原理是一门实践性和实用性都很强的课程。主要讲授单片机结构和基本原理、

MCS-51 系列单片机及其指令系统、单片机的 I/O 扩展及应用、单片机的定时与中断系统及单片机的汇编及 C 语言程序设计等内容，通过学习使学生基本掌握单片机的硬件构成、软件组成及一般的程序设计技能，进而使用单片机实现各种检测与控制的目的，力求帮助学习者系统地掌握单片机基本开发能力。这些专业性的知识与学生后续专业方向选择和就业方向息息相关，因此在课程知识讲授中从专业规划入手，分别将单片机结构特点、工作时序、程序设计语言、中断处理、串口通信和人机交互接口等内容和德育思想教育有机结合在一起，让学生在专业知识掌握中同时在以后的专业规划、目标确定和实现等过程中遇到的一些问题有所启发和思考，有助于学生实现专业技能向综合职业能力的转换。下面介绍具体的德融教学设计内容。

二、做好德融教学设计

（一）做好专业规划，理解知识内涵

单片机结构中中央处理器是核心部分，完成所有的计算和控制任务；内部总线是公共通道，实现系统功能部件之间地址、数据和控制信息的交换。总线操作完成两个部件之间的传送信息。由系统总线可以联想到大学生的专业规划。本课程是专业方向课，选择了这门课，就意味着同学们在专业方向上有了清楚的认识，这就是一条清晰的总线。

在这个专业规划上，如何确定自己的专业优势呢？世界著名的寓言家、作家克雷洛夫说："现实是此岸，理想是彼岸。中间隔着湍急的河流，行动则是架在川上的桥梁。"所以学习什么？怎样学习？这些行动的主动权就在于你如何发动。《学记》中提到："良冶之子，必学为裘；良弓之子，必学为箕；始驾马者反之，车在马前。"这就涉及教育中从简到繁、从易到难的时序问题。任何课程的学习一定注重基础，确立学习内容的内在逻辑顺序，以时间为线索将一系列学习内容连贯起来，循序渐进地进行学习，使前一阶段的成为后一阶段的基础，后一阶段的教育成为前一阶段的拓展和延伸。引导同学们远离当下流行的"快餐文化"，不能一味追求学习的"速成班"，否则"欲速则不达"。另外，学习过程中还要注重学习的时间节拍，即学习过程的连续与间断的周期性交替，这样可以帮助我们舍去肤浅和浮躁，深刻体会钻研的乐趣，理解所学知识的真正内涵。

（二）认清实事物规律，实现人生目标

单片机程序设计语言是实现人机交互的基本工具，分为机器语言、汇编语言、高级语言。每种语言都有各自的使用场合和特点，不能一味强调孰好孰坏，要有辩证的眼光。根据学生的身心发展规律和认知规律，我们老师也要有的放矢地进行教育工作，做到晓之以理、动之以情、导之以行，要通过自己的表率、模范作用去感染每一个学生，教育每一个学生。明清之际的思想家孙奇逢曾说过，教人读书，首先要使受教育者"为端人，为正士，在家则家重，在国则国重，所谓添一个丧元气进士，不如添一个守本分平民"。教育学生

看待问题要有唯物辩证观，任何事物都是对立统一体，有两面性；要一分为二地看问题，不能只看事物的好处，还要看反面劣势，认清事物的规律。有些大学生毕业求职心切、急于成功，面对传销组织等许诺的暴利诱惑，缺乏冷静的思考，认为"天上会掉馅饼"，忽略了财富增长的时间性，误入传销组织，上演人生悲剧。如果一份工作能让人短时间实现上百倍财富的增长，那不是抢就是骗，现实中绝无可能。因此，教育同学们一定要保持清醒的认识，时刻提醒自己看待问题有辩证的眼光，不要盲信盲从。结合自身的实际情况，正确评估自己，抓住属于自己的机会，刻苦勤奋，以坚韧不拔的毅力，克服一切困难，去实现自己的人生目标。

（三）直面挫折，勇于承受

单片机的中断系统可以中止当前工作，自动转去处理所发生的事件。处理完该事件后，再返回到原来被中止的断点处继续工作。同样，面对生活和学习中的挫折、变故等突发事件，一个合格的大学生必须具备一定的心理承受力和恢复力。教育学生个人，面对突如其来的挫折，首先需要有正确的认知态度，以微笑的目光、平静的心态去看待问题；然后，通过回顾和全面分析，发现目前问题的症结所在，采用多元思维方式处理并解决问题；最后，将变化的环境看成是迎接挑战和再学习的机会去充实自己，重新回到目前的生活和学习之中。作为一名教师，我将不断探索并创新教育教学理念和德育体系，在教育教学中不能仅仅注重学生的学业成绩，而要善于从心理学的角度去观察和分析学生的言行，发现学生的心理问题，提出积极向上的意见，帮助学生树立信心，增强学生的承受能力和恢复力，培养学生健康的心理素质。

（四）团结协作，挖掘潜能

单片机的数据通信中有一个关键问题就是同步问题。通信双方交换数据时，都需要高度的协同动作，保证收发双方的时钟相同，或者按照发送方的起止时刻进行接收数据；否则，会导致数据传输错误，使通信失败。由这个学术方面的同步问题想到协同的定义，《说文》中提到"协，众之同和也。同，合会也"。所谓协同，就是指协调两个或者两个以上的不同资源或者个体，协同一致地完成某一目标的过程或能力。现代社会中，社会分工越来越细，任务、目标越来越复杂，很多工作单靠个人难以完成，需要个人在不同的位置上各尽所能、与其他成员协同完成。这也是当代大学生必须具备的能力。当代学生从小接受良好的教育，有很强的自主意识，但是有些学生在追求自我价值的同时，常常以自我为中心，很难与其他同学合作。教育同学们之间要注意建立和谐关系，在班级和学院中创设良好的人际氛围，注重培养自己的团体协作能力，促进个人潜力的开发。

三、选好教学方法与手段

身为一名教师，我们不能把教书育人降低到只传授知识和德育说教上。我们有责任、有义务从自身做起，先期通过学习不断地在思想上、政治上、文化上充实自己，努力提高自己的从教素质，以无私奉献的精神去感染学生，以渊博的知识去培育学生，履行教书育人和传道授业解惑的责任，实现"春风化雨，润物无声"，把立德树人根本要求落到实处。在教学过程中主要采用"引—激—拓"课堂教学手段，首先引入学生感兴趣的事例，调动学生的积极性注意力。然后通过课堂和实验互动激发学生的学习兴趣，激发学生的好奇心和求知欲。最后拓展德育教育知识，通过类比教学法、名言警句、举例法、小组讨论法等教学方法和手段，科学地引导学生。

单片机原理课程德融教学模式探索融"教、学、做、德"为一体，使专业理论教学内容与德育教育内容紧密结合，提高了课堂气氛活跃程度，使学生参与程度提高，达到预期的德融教学效果。该教学模式将课程专业知识传授与品德教育有机结合，深化当前高等院校课程改革，构建高等教育创新德育体系。

第三节　"单片机原理"课程 CDIO 模式的设计

CDIO 工程教育模式是近年来国际工程教育改革的最新成果，CDIO 代表构思（Conceive）、设计（Design）、实现（Implement）和运作（Operate），它以产品研发到运行的生命周期为载体，让学生以主动的、实践的、课程内容之间有机联系的方式学习工程的理论、技术与经验，旨在培养学生技术知识和推理、个人职业技能与职业道德、团队协作与交流和社会——工程大系统 4 个方面的能力。

设计"单片机原理"CDIO 课程模式，旨在从专业教学的角度培养学生作为一名工程师的职业道德和知识技能的基本素养，课程模式设计的核心内容是利用校企合作平台引进了一个实际成型的产品，然后根据教学环境实际状况进行物理抽象后衍生出教学过程中所需的知识与能力培养大纲，即课程大纲、课程教学内容、课堂教学组织与考核方法等。

一、课程模式设计

以 CDIO 工程教育理念为指导的"单片机原理"课程设计模式的要点是将校企合作基地作为设计课程平台，特别是通过校企合作平台所采用的"走出去，请进来"的技术交流形式，充分利用社会、企业资源使学生比较深入地了解企业的商业、文化氛围和产品开发流程方面的知识，提升作为一个工程师的职业道德和知识技能的基本素养。在此基础上引进一个实际成型的产品，并加以抽象而成为课程项目。考虑到课程项目的复杂度较高，实施过程中对学生团队协作精神要求较高，所以有必要循序渐进，将课程项目拆分成 5 个实践任务（子项目），课程所有专业知识通过构思分布在 5 个任务中。教学模式的重点在于依据 CDIO 工程教育理念设计、布局课程教学大纲、课程项目实践部分的内容与要求以及教学的手段与方法。

二、课程教学大纲设计

基于 CDIO 工程专业学生四大能力的培养目标，"单片机原理"课程大纲即知识与能力培养大纲的设计目标要求学生学习、实践单片机控制技术中硬件与软件系统的专业基础知识、程序设计的基本方法。在此基础上强调能力、素质的提升，训练学生从创新思维角度对单片机控制系统进行构思、设计、评估和检测的能力。本课程在技术知识推理（基本知识的掌握与应用），即第一级大纲中强调了单片机系统各部分之间的联系与融合，例如将硬件结构与程序设计融合在一个任务中作为一个完整的学习单元，注重学习硬件与软件知识的关联性，同时关注单片机工作性能与环境的联系。第 2、3、4 级大纲同样根据 CDIO 培养目标设计而成。

"单片机原理"知识与能力培养大纲以布卢姆学习目标分类法为基础描述学生在学完本课程后应具有的能力。

三、教学方法设计

教学活动围绕 1 个课程项目而展开，专业基础知识贯穿于 5 个任务之中。项目式、任务式教学活动耗时较大，在总学时维持基本不变的情况下保证教学质量，非常有必要提高教学效率，丰富教学手段、培养学生的自学能力、开展多种灵活的教学形式。

（1）以专业协会（课外兴趣小组）为平台组织学生定期开展专业活动。一方面弥补了课堂学习时间的不足，拓展了专业学习空间；另一方面在学生中培训了一批专业学习带头人，为项目实施打下了一个基础。

（2）实施教学任务时，根据企业项目团队的构建要求将学生分组，每组 5 ~ 7 人。每个小组明确一名专业能力较强的学生担任项目组长（学习带头人）承担任务的分工组合、师生之间沟通、项目相关资料汇总和课堂讨论小组主持等角色。

（3）充分利用各种资源和手段激发学生的学习热情和创新思维能力。

（4）适当的课外作业和课余学习是保证教学质量、提高教学效率的一种重要途径。

（5）成绩评定以学生的工作表现和项目成果作为主要依据。重在考量学生合理运用知识、个人职业操作、团队协作与交流和工程系统 4 个方面的能力。考核分为三个方面，课程项目占 50%，其中包括系统构思的合理性、系统的运行性能和项目文档资料；5 个实践任务的完成情况占 20%，其中包括主动学习、提问与交流；理论考试占 30%。

四、教学内容与要求设计

为达到"单片机原理"知识与能力培养大纲的要求，教学内容的设计基于要求学生掌握单片机系统基本知识的基础上，完成一项包括构思、设计、实施和运作全过程的团队研发项目。根据课程内容丰富、工程特质强的特点，教学内容分为两个阶段实施，其中第一阶段和第二阶段的教学时数分别占总学时的 55% 和 45%。

第一阶段教学内容由设置的 5 个任务驱动，课程大纲要求的技术知识和推理方法涵盖其中，而这 5 个任务是由课程项目分解而成的子模块。设置 5 个任务时注重任务内容之间知识的关联性，特别关注系统中硬件与软件、单片机芯片与外围电路的融合，熟悉相关元件和芯片的检测方法，积累任务实施所需的技术资料，为第二阶段的教学，即课程团队项目研发建立良好的基础。

第二阶段要求教学过程中使学生置身于社会——工程大系统中完成单片机原理应用产品的研发，教学内容就是一个包含 CDIO 全过程的课程项目开发。系统的工程复杂性将激发学生的创造潜能，促使学生提高动手能力、自主学习能力和团队协作能力，真正实现在团队协作中进行探究式学习，在探究学习中寻求团队协作和交流。

五、课程项目 CDIO 实施过程

课程项目的教学实际上分为实施准备和实施两个阶段，实施准备工作从第一阶段（第 1 周至第 10 周）的第一教学周开始。第一阶段教学活动以 5 个教学任务作为平台，围绕 CDIO 课程大纲的第 1 级培养目标展开，即培养学生的技术知识和推理能力，例如系统硬件结构与软件设计基本知识，中断系统与总线接口知识，硬件与软件的融合方法、电路元件芯片的检测及 PCB 技术等。第二阶段（第 11 周至第 18 周）围绕 CDIO 课程大纲的第 1 级、第 2 级、第 3 级、第 4 级培养目标开展教学活动，其中第 1 级目标教学在第一阶段已基本完成，因此第二阶段的主要任务是强化学生自主学习和团队协作的探求式学习方式，促使学生完成一次构思、设计、实施和运作（展示与修改）的 CDIO 全过程。

（1）构思阶段（1.5 周），在小组协商讨论的基础上明确团队人员的项目内容，形成对项目的整体构思，抽象出系统的结构模型。

（2）设计阶段（2.5 周），将第一阶段教学活动中的 5 个教学任务加以整合，包括硬件系统中元件、芯片的选择与布局、电路板的 PCB 设计和软件系统中各程序模块的设计，形成系统方案即建立数学模型。

（3）实施阶段（2 周），这一阶段重在培养学生的动手操作能力，也是个人职业技能与素养的培养锻炼。第一阶段教学活动（第 1 周至第 10 周）中的 5 个任务的实践为此打下了基础，实施阶段的教学将进一步将其规范、强调，其中包括电路板焊接、读码器的使用和系统的运行调试。考虑到课堂教学时间的限制，电路板焊接与系统调试主要作为课外作业利用课余时间完成。

（4）运作阶段（2 周），这一阶段的主要任务是项目的展示与修改完善，培养学生工程产品开发能力。首先组长召集小组成员开展讨论交流，根据系统调试运行状况相互点评，各成员据此改正系统构思、设计中存在的缺陷。然后每位同学在课堂上展示自己的项目并进行简单阐述，并根据老师、同学的点评、建议做出必要的改进，进一步提升系统的性能。

CDIO 项目与任务驱动教学引发了学生探求知识的兴趣和激情，一体化教学形式增强了学生的动手能力，密切了理论与实践的联系，项目小组的构建培养了学生团队协作与交流能力。特别是通过校企合作平台所采用的"走出去，请进来"的技术交流形式，从一名工程技术人员的角度提升了学生的职业技术能力与适应社会大系统的能力。在项目设计、实施过程中，学生设计的控制系统不仅要保证系统的当前性能，而且要考一些实际环境的因素。

第四节　单片机原理及其教学创新技术的相关分析

随着教育改革的不断深入，对电气信息专业教学提出了更高的要求。由于课程专业内容涵盖较多且知识点较抽象，学生学习兴趣较低。目前单片机课程的教学与实践应用之间存在一定脱节现象，重理论轻实践的现象屡见不鲜。本节通过对单片机原理教学现状进行分析，探究科学可行的创新教学方法，从而提高学生单片机的实践应用水平。

由于单片机体积小、成本低，加之其综合性能高等特点，目前已经成为工业控制、智能仪器的重要组成部分，在机电一体化领域中实现了大范围的普及应用。单片机通过大规模集成电路技术将中央处理单元集中于一块芯片上，并构成最小的单位计算系统，从而逐渐增强单片机的功能，越发完善的电路拓宽了其应用范围。作为电气信息专业的重要课程之一，随着企业对毕业生要求的不断提高，单片机原理及其教学课程的改革已经迫在眉睫。

一、单片机原理教学现状

目前多数高校都采用先理论教学后实践应用的方式，先学习单片机硬件结构组成、指令系统、编程语言设计以及外部系统扩展等知识，随后进行接口技术以及应用系统的学习。这种学习方法虽然思路清晰、结构严谨，但是其机械性极强，难以适应当今飞速发展的教学需求。教学模式过于古板，缺乏生动形象的课堂辅助教学手段，导致单片机课程的学习单一枯燥，学生学习兴趣不高。

现阶段我院单片机课程为省级精品课，教学已形成一定的固定模式，以智能小车或者机构为平台，包括单片机基础知识、指令写入与信息显示、障碍物红外检测、小车声控启停与速度控制、小车综合控制等几个模块。重点集中对 51 单片机的硬件结构讲解，包括与其相关的组成部分及其工作原理，其中涉及外围接口涉及以及软件编程方法，以汇编语言的讲解为主。为了完成系统编程操作，汇编语言需要由多样化的命令组成，学生对其理解困难，导致对单片机学习失去兴趣。

由于单片机教学以实践为主，多数情况需要通过实验加以验证。学生在学习编程后，结合实验指导书中提出的线路连接方式以及程序原始资料等信息，进行编译，将程序下载到单片机中进行演示，只有少数学生能够独立完成代码的编写。多数学生为了片面的追求实验效果和实验结论，利用教学模式比较固定的漏洞，较少进行独立思考及程序编写，从表面看多数学生达到教学要求，但是实际却对硬件系统及软件代码过程极为模糊，不利于单片机教学的深入开展。

二、单片机原理教学方法的创新

（一）教学内容的改革与创新

在教师首次进行单片机原理讲解时，可以综合近年来单片机行业的发展现状，结合单片机产品为学生提供展示。教师可以结合单片机开发公司的招聘信息及行业未来发展前景，加深学生对单片机学习的信心，调动学生的学习兴趣，从而激发学生的学习热情。让学生在讲解中，真正理解单片机的实用价值，促进其求知欲望的产生。学生在了解求职信息后，便可轻松明确本学科的未来学习方向及学习目标。

随着我国科学技术的不断进步与创新，51单片机已经实现了质的飞跃与发展，从而衍生出51系列的众多产品，实现了单片机内部资源的多元化发展，如：PWM、SPI等。由此可见，单片机的教学方法的改革已经迫在眉睫。教师应在教学中增加对新产品的讲解，帮助学生更好地了解时代发展潮流趋势，加深对新技术的认知，帮助学生更好地满足企业用人需求。教师应结合学生的接受与理解能力，适当增设SPI总线、CAN总线等知识的讲解。

为了实现学校教育与企业人才需求之间的顺利接轨，教师在完成汇编语言程序教学后，可以增设C51语言方面的知识。由于电气化学生在学习单片机之前已经完成了C语言设计的课程学习，因此，只需要教师稍作引导，就可以将C51库函数以及存储结构方面的知识轻松引入。同时，教师在单片机的讲解过程中，应重点将汇编语言与C51语言进行对照，从而帮助学生更好的理解单片机编程原理，提高教学效率。

教师应勇于打破传统言辞说教的德育教育方式，以自身的魅力及高尚品格感化学生。通过对自身行为的规范端正学习态度，培养认真严谨的学习习惯。同时，教师应积极主动的与学生进行沟通交流，为德育工作的渗透打好感情基础。

（二）单片机教学模式的改革与创新

教师应善于利用项目驱动教学法，从简单内容到复杂内容过渡，为学生准备充足的知识接收空间，循序渐进。力争将各项关键知识点的讲解融入实际工程模块中去，在理论知识教学中丰富实践经验，学会各个模块的使用方式。以单片机的并行接口技术教学为例，教师可以结合舞台灯光系统进行总体介绍，包括国际交通指示灯，以及抢答器的使用等。

教师在讲解定时器和其中断系统过程中，可以利用音乐盒、电子琴以及万年历等进行综合介绍，这种融入生活实践的教学形式，便于学生对所讲解内容有一个更加深入的了解。

教师应积极改变传统"填鸭式"的教学模式，将学生视为教学主体，鼓励学生积极参与到教学中来。在学生遇到疑难问题时，教师应给予及时的帮助，树立学生的学习信心。教师的教学与学生的学习应重点围绕单片机的关键知识展开，重视理论知识与实践学习相结合，在教学创新的同时最大化激发学生对单片机的学习兴趣，在学习中完善自身不足，优化教学质量。

（三）实践教学的改革与创新

教师应积极丰富单片机实践教学的形式，通过课程设计的开展，以及大学生电子设计竞赛等方式，实现实践教学模式的真正创新与发展，鼓励学生积极投身到单片机实践教学中来。教师可以在教学中融入现代化软件，利用 Proteus 和 keil 等，通过直观、形象的方式让学生对课堂软件有一个清晰明确的认识。在课内实践环节，教师应积极利用软件设计出方针的电路图形，结合 keil 软件进行实验程序的编写，最终实现仿真图的再现与模拟。

课程设计教学时长为两周左右适宜，在课程设计环节，学生结合教师设定的教学题目，查找有关资料，鼓励学生优先进行课程前的自学。学生从元器件的选择入手，设计电路走向，利用 PCB 板绘制方案，探究电路焊接方式，最终独立完成设计课程的学习任务。在实验过程中遇到问题及困难，教师应第一时间给予帮助与辅导，通过解决问题的过程加深学生的理解。针对一些单片机学习爱好者，就要真正地做到因材施教。比如在实践环节，这部分学生就不需要根据实验指导书完成内容，而应该根据其个人爱好布置课题，以进一步提升其学习兴趣。

与此同时，教师应积极鼓励学生参与大学生电子设计竞赛等全国性质的电子信息专业竞赛，这种联众性科技活动可以让学生真正在动手实践中加深对单片机原理的学习。有效的竞赛可以全面提高学生的创新能力，培养学生的团队协作精神，加强理论教学与实践应用之间的联系，从而提高学生的综合实力。

除此之外，教学作为教师与学生之间的双向互动过程，教师应充分尊重学生的差异性，积极引导学生的个性化发展。教师应积极探索德育教育方式，积极引导学生加强自身素质。通过为学生提供品德实践机会，以此来弥补课堂德育教育的片面与不足，促进学生的知行统一。

最后，在单片机的教学过程中，教师应在传授知识和技能的基础上，把握好时机，教会学生针对同类问题归纳适合自己的学习方法，从习惯中养成爱好，进而提升自身的思维、学习及工作能力。

综上所述，单片机原理及其相关应用作为电气信息专业的必修课程之一，其具有较强的应用性与实践性。学生不仅要掌握有关理论知识，同时也应在学习中努力锻炼自身的实践实验能力，逐步深入学习，不断推陈出新，更好地适应时代对人才的发展需求。

第五节 以能力为导向的单片机应用实践教学研究

当前单片机传统教学现状存在一些问题，其主要体现于以下方面：①教学内容与课堂教学形式单一，教学内容过于侧重理论知识的完整具体，而忽视了实践内容环节，以至于理论知识与实践操作相脱节。②实践教学体系中的内容十分单一，大多是验证性的实验，并没有过多涉及单片机应用系统设计与开发等方面的实践教学。③实训内容教学环节缺乏综合性、工程性与创新性，以至于学生不知道应该怎样去设计方案、选择模块以及设计电路。总结来讲，传统单片机应用教学偏向于"知识本位"，过于重视知识教学的系统完整性，忽视了实践教学的重要性，且教学内容单一，教学方法落后，不利于学生单片机应用能力的培养。因此，需要采取有效措施来解决这一状况，实现以能力为导向的单片机应用实践教学模式。

一、重构能力为导向的教学内容

就教学内容与教学方式单一多元化不足的问题，可以开展以能力为导向的教学内容重构工作。教师可通过结合教学内容理论与具体实践案例，来丰富教学方法，以此激发学生的学习兴趣与积极性。同时，教师还应当给学生普及单片机应用领域的相关新技术信息，以拓展学生的知识视野与知识面。例如，教师上第一节课时可以先给学生观看一些科研项目、竞赛或者毕业生设计制作的单片机作品（如语音数字温湿度计、多路抢答器、智能小车控制器等），吸引学生的注意力，并以此激发学生对单片机学习的兴趣与热情。然后，教师在介绍单片机最小系统与 I/O 接口的时候，可以搭配《键盘控制霓虹灯效果》的这一实际例子，让学生尽早接触有关于单片机应用系统设计的内容。最后，教师还可以给学生普及一些新技术内容，如：I2C 总线、SPI 总线、单总线结构以及 STM32 控制器等。在教学时，教师一定要明确自己的教学目标，清楚自己要培养学生怎样的能力，然后采取具体有效的实践教学方法，来培养学生的硬件设计、软件设计、电路设计以及综合应用能力等。

二、从实际项目入手培养学生应用实践能力

以能力导向的实践教学开展可以从实际项目入手，将其贯穿于整体单片机教学环节中，引导学生熟练掌握理论知识、锻炼实践应用能力以及提升项目技能水平。例如，教师可以指导学生先从 LED 闪烁灯这一简单项目开始操作，期间只负责引导而不参与其中，充分开发学生的实践动手能力。等到学生能完美制作出 LED 闪烁灯之后，在逐步增加难度，让学生尝试完成模拟十字路口交通灯、多功能 LED 数字等。通过此教学方式，让学生能够在由简至难的项目递进实践操作中，熟练了解与掌握单片机硬件结构、I/O 接口使用、

语言指令汇编、语言程序设计方法、中断/定时器系统应用等知识与能力。在逐步完成这些项目后，学生看到自己完成的成果，会感到十分满足，并由此激发单片机学习的兴趣与积极性，提升教学效果与质量。

三、制定多形式考核方式以巩固学生能力

为了实现能力为导向的单片机应用实践教学目标，学校应当改革和完善课程考核方式，使课程考核能符合"学以致用"的原则。具体考核方式建议如下：第一，为了方便考察学生的合作互助能力，可以在项目中将学生分为2—3人的小组，不同的项目部分由不同的学生负责，来共同完成这一考核项目。第二，可以让学生依据自己的实际情况，通过提交完整仿真电路、制作硬件实物以及撰写实践设计论文等方法来进行考核。以此达到考核学生综合应用实践能力的目的，并能通过考核巩固学生能力，确实落实多形式单片机应用能力考核方式。

总而言之，想要确实培养学生的单片机应用能力，施行以能力为导向的单片机应用实践教学是十分有必要的。本节首先分析了传统单片机教学存在的问题，然后在此基础上提出了重构能力为导向的教学内容；从实际项目入手培养学生应用实践能力；制定多形式考核方式以巩固学生能力这三种具体实践教学措施。通过这些措施，能有效创新改革教学方式、教学内容以及考核方式，实现"学以致用"的教学目的，与培养学生的学习兴趣、项目动手能力以及合作意识。

第六章　单片机原理与应用教学创新研究

第一节　单片机原理及应用考试改革探索与研究

单片机又称为单片微型计算机，是计算机体系的一个重要分支，也是现今较为流行的嵌入式系统的一部分。由于其体积小、控制功能强、成本低等特点可方便地组装成各种智能控制设备和仪器，做到机电一体化，因此广泛应用于仪器仪表、家用电器、医用设备、航空航天、专用设备的智能化管理及过程控制等领域，可以说单片机已经渗透到我们生活的方方面面。单片机原理及应用课程也是目前高校计算机、电子、电气、自动化等专业均开设的一门专业课。由于该课程是一门理论性、实践性都很强的课程，因此该课程对实验教学有很高的要求，实验教学在学生学习的过程中占了很重要的地位。但是，目前很多高校的单片机课程实践教学环节及考核方式都存在着一些问题。学生在传统的以理论考核为主的学习方式下很难激发学生的学习兴趣，很难提高动手能力。通过考试改革，使学生在重视基础知识学习的同时，更加注重实践能力和动手能力的境况，促进创新精神的形成。

一、目前的教学考核形式及存在的问题

《单片机原理及应用》课程是一门专业课，其前续课程主要有《电路》《数字电子技术》《微机原理》等，课程理论教学的主要内容包括以下几方面：①单片机的硬件系统结构。包括单片机的基本组成，CPU结构及时序，RAM、ROM的组织结构及扩展，并行I/O接口的基本原理等。②单片机指令系统。包括单片机寻址方式及指令，汇编语言程序设计等。③单片机接口技术及应用。包括单片机系统开发的基本方法和步骤，单片机系统扩展及外部的接口，单片机的综合应用等内容。考核主要以闭卷的考试为主，学生的总评成绩这样划分：平时作业、实验成绩和考勤各占10%，期末考试成绩70%。这样的教学及考核形式尚存在诸多问题。

（1）教学方面问题。实验课时少。根据学院制定的教学计划，《单片机原理及应用》的总学时为32学时，其中实验课程8学时。实验课程的学时数太少，也是影响学生动手能力的一个方面。在实验课程的分配中，软件实验、验证性实验至少占了6学时，所以综合性设计性实验开设率不高，学生对所学课程缺乏整体性了解和综合运用的能力。实验设

备缺乏。由于学校扩大招生规模，实验室现有的实验设备台套数太少，为满足学生实验，不得不增加每组实验的学生人数。我国目前的文化教育，重视理论轻视实践，这造成了学生们从小就重视理论知识的学习而轻视动手实践。另外，在考核方式上，实验课一般作为理论课考试分值的一部分，往往也只占很少的学分，并且只要写过实验报告就基本可以通过。久而久之，大部分学生也滋生了重视理论课程轻视实验的思想。

（2）考核方面问题。考核方式不合理。学生的考核以闭卷的考试占主要部分，实验环节所占成绩比例低。这样的考试形式使得大部分同学以理论学习及考试成绩为主导，对于课程学习过程中的实践动手环节只是消极地参与，并没有真正起到动手动脑的作用。考试内容不合理。由于考试形式以闭卷考试为主，考试内容只能局限于教材，加上期末考试前划范围、勾重点等，使得一部分同学以考前重点突击复习为主，造成了这些同学在平时学习及实践环节的松懈。考试题型不合理。考试中客观性题型较多，分值比例较大，综合设计性题型、论述性题型较少。这对于学生的思考能力及综合分析问题能力的考查不全面，也不利于激发学生的学习兴趣和主观能动性。能过以上分析，目前《单片机原理及应用课程》的考核方法已经不能满足学校提出的"培养创新性人才"的要求，不利于培养学生动手能力、创新能力，也不能激发学生的学习主动性。

二、教学考试改革的方式及具体措施

针对单片机教学考试存在的问题，可以从以下几个方面进行改革。

（1）为考试改革而进行的教学改革。首先，教学改革要进行教学方法的改革。采用从完成实际问题出发，激发学生的学习兴趣和主观能动性的目标教学方法。在课程的开始阶段，设置一个简单的综合性实例，利用仿真软件或实验箱将实际工程问题解决方案演示给学生看，并要求学生下来查找一些与此相关的实际生活中的应用。以此提高学生的学习兴趣。在接下来的教学过程中教师以教学目标为导向，整个教学过程围绕教学目标展开。在教学目标的刺激下，学生为实现目标而努力学习。在完成目标的过程中，教师积极引导，并将教学内容渗透其中。这种教学方法不仅可以使学生清楚地认识到单片机的原理、概念在实际生活中的意义，而且对于激发学习热情，培养理论联系实际的能力极其有益。其次，教学内容的改革。注重接口技术和应用技术的学习，适当减少体系结构的理论学习。在目标教学法中，学生以实际目标引导其学习过程，那么在教学内容上就应增加能够达成实际目标的应用技术的学习内容，理论体系结构的教学可以把框架性的知识传授给学生，学生在应用中遇到的理论问题，他们会在框架的知识基础上自己进一步细化丰富内容；从汇编语言转向C语言的编程方式。传统教学模式中，教师喜欢使用汇编语言编程，汇编语言虽然具有高效控制精确的优点，但其结构性差，语句复杂，调试难度大，学生接受也比较困难。C51高级语言具有程序结构清晰、可读性好、易于维护等优点，一条C语言相当于几条汇编指令，学生在有C语言的基础上入门很快，这样也提高了学生的学习兴趣；使用

Proteus 仿真软件。通过使用仿真软件，学生只需要一台电脑就可以完成实验室里的基本实验，方便学生自己动手，提高其动手能力。再次，实验的改革。把实验软件实验、验证实验、设计性实验及综合性实验四个部分，通过验证性实验，学生们可以进一步了解单片机及外围芯片的作用，提高学生的学习兴趣。设计性实验，可以培养学生实践动手能力及创新能力。综合性实验，可以提高学生综合运用所学知识的能力，提高学生的实验技能和培养学生的创新能力。在原有的实验课时的基础上增加实验课时，同时提高设计性及综合性实验的比例，真正让学生把理论与实践结合起来。

（2）考试方法改革。根据《单片机原理及应用》课程的特点，考试可以采用笔试、做设计、写论文、进行实际操作以及开卷、闭卷等多种方式相结合。我们不能因为笔试的一些缺点就否定笔试在成绩评定中的作用，在笔试的过程中还可以增加开卷、闭卷等多种形式。在出卷时增加试卷的灵活性，适当增加设计、分析和综合思考题型。题目的设计应能使每一位学生在解每道题时都有对知识的理解、分析、比较、融会贯通的过程，从而锻炼学生的思维，多给学生提供探索的机会和可能性，鼓励学生独立思考、标新立异、强调智力开发、避免考试中的偶然性。同时在笔试的基础上还应该增加反映学生平时学习情况的评价内容，比如平时作业，实验报告成绩等。还可以增加实际操作环节的评定，比如对每次实验课程都对学生的操作进行评分，增加实践环节的考评，把学生综合设计性实验的操作调试及结果作为总评成绩的一部分进行考核。或将实践环节改为操作考试，由学生现场操作，教师根据操作内容正确性进行评分。最后在课程结束后，还可以鼓励学生通过学习的知识内容进行创新设计，将其所做的设计或者通过网络、图书查阅到的资料通过分析总结后写成论文的形式提交，以附加分的形式纳入总评成绩中。这种方法锻炼了学生的分析、设计和对信息的处理能力。

（3）考试效果的评估和对教学方法的反馈。淡化考试分数之间的微小差异，增大平时考试成绩的比例，实行百分制、等级制及与评语相结合的综合评分方法，对有独立见解或创新的学生加分鼓励。应奖励有个性者，奖励有主见、有独立思维能力的学生。同时，建立考试结果分析制度，不断总结教学经验。发现问题及时纠正，拓宽、疏通教学质量的有效反馈渠道，建立健全沟通机制。改革后的总体效果还有待长时间的检验。在教学过程中可以明显地发现，提问题的同学明显增多，同学之间相互讨论的次数明显增加。希望此次考试改革能给《单片机原理及应用》课程的学习带来新的气象，增强学生学习的积极性、主动性，培养学生的创新精神和创新意识，实现人才的全面发展。

第二节　单片机原理及接口技术课程考核方式

传统的课程考核方式一味地强调"标准答案"，一方面不能全面考核学生的学习效果，另一方面也限制了学生的创造性。积极探索考核方式方法的多样化，通过改革课程考核方式，激发学生的学习积极性。注重考核学生的学习过程，课程考核不再是单一的笔试，还包括实验、技能训练、答辩、小组讨论等多个环节，从多方面考核学生的理论基础、工程素质、交流能力和创新能力。同时，对于实验、实践环节的考核，将传统单一的提交实验实训报告的考核方法改变为"过程考核＋结果考核"，采取现场问答、动手操作、个人答辩、报告评阅相结合的考核方式，有效提升学生们的学习热情以及主观能动性，提高学生团队合作能力、口头表达能力、应变能力、创新能力。

一、课程考核现状分析

现今阶段，大学期末考试主要是以传统试卷模式来开展的，考试变革也仅仅表现为降低试卷考试在总成绩里占据的比重，或者让学生利用课外时间对课程内容进行自主总结进行考查。试卷考核可以有效测试学生在理论知识方面的学习概况，然而对学生的理论应用情况是难以测量的。此外，期末考试一般表现为试卷测试的方式，导致学生在具体的学习和复习环节都是单纯地进行背诵，实践能力缺乏有效的锻炼，学生为了更好地应对考试，也难以从应用的维度对课程具体内涵进行理解，从而将理论和实践有效整合。为进一步强化学生对专业课程意义的理解，明确理论和实际的联系，充分发挥其创新能力，不单纯地依托课程实验以及竞赛等方式，还需要在日常教学过程中，重视培养学生的实际运用能力，对课程考试进行变革之后，能够更好地引领学生参与到实践活动中。

本门课程是机械类专业大三的专业核心课程，是一门实践性很强的课程。需要先行学习《C 语言程序设计》《电子技术基础》等，为《传感与检测技术》《PLC》《机电传动与控制》《机电一体化系统设计》等后继课程的学习打下基础，因此本课程在本专业课程体系中起到承上启下的作用。针对学生的特点和课程的考核难度，改革主要集中在两点：一是在教学方法上改革创新，实行讲授（18 课时）＋仿真（18 课时）＋实验（12 课时）的教学过程，为学生的发展提供更大的发展空间；二是对当前的教学方式进行变革，有效促进传统考核法的创新发展，从而在具体教学过程中充分激发学生的兴趣。

二、课程考核方式探索与实践

（一）阶段集中考试评价变为分布式过程评价

传统的考核主要是通过卷面考试方式展开的，往往在一门学科教学活动结束之后来综合性开展考核。通过改革可以参照教学的具体内容，将集中考试的模式变更为分布式考核，从而更好地确立考核要点。统筹将培养方案分为几个典型的学习情境，如①自定义花样流水灯设计；②按需过马路；③数码管显示学号；④时钟设计；⑤中断步进电机；⑥双机通信等。每个学习任务通过讲授、仿真练习、实验训练等过程，每个过程设置考核标准。

最后，利用单片机来开展综合性的测评。学生在最后的考核阶段，需要将考核评价对应的成绩进行累加，这样可以达到化整为零的目的，从而降低考核难度。此外，考核评价还需要和学习保持同步发展，这样有利于提高整个考核活动的效率。

（二）变单纯的知识评价为知识与能力相结合的评价

在以往的考核评价过程中，单纯地注重于考核学生的理论知识，对学生的应用能力缺乏有效的评估，或者与此相关的考核活动难以具体实施。然而将理论知识运用到实践领域中去分析并解决问题，这对于学生的发展更加关键。利用情境学习法对学生的知识进行考核时，往往没有标准答案，针对学生对知识的利用能力进行考察。教师需要对学生进行全方位的了解，明确各类答案的质量，从而对学生的成绩进行准确评估。同时可以利用大学生创新实验项目，能充分结合课程知识点申请立项、完成样机控制或者结题的小组各成员经过课程答辩后直接考评为良好或者优秀。

（三）评价方式多样化，不断完善评价方法

基于情境考核法展开具体评估时，不能单纯地围绕教师给出的结果进行评估，还需要综合采取学生答辩、自评、互评以及教师讲评等多种模式来进行考核。对常规知识的考核带有很强主观性的，在鉴别方面的难度就十分大，因此需要在知识运用方面的测评形式也要多元化。如对单片机硬件知识以及配套的系统操作流程进行评估时，可以综合学生自评以及互评的方式来开展。对单片机的程序进行设定时，可以综合利用单片机来对考核结果进行评定，也可以综合学生互评以及教师讲评等多种方式来展开。

（四）变被动评价为主动评价，变定时考核为随时考核

在学期初始阶段，安排好每位学生在这一学期的单片机课程考核表，对所有的项目进行具体说明，从而确保在规定时间内能够按期完成。学生只要认为自己达到了标准，就可以提交申请让教师进行考核。依托这种方式，能够给学生提供较大的空间，从而让学生对考核时间具备较强的自主权。

（五）创新实践教学考核机制，切实提高实践教学质量

以学生需求为出发点，研究适合个性化、开放式教学的考核机制，完善实践教学考核体系。在全面评价学生实践课程成绩时，综合"过程考核＋结果评估"的模式，对当前已有的教学考核体系进行优化。其中，过程评价指代的是在具体考核环节，综合学生的实际概况以及具体操作方式进行评估，将学生的综合运用能力与实践能力有效整合。同时，拟根据学校相关规定确立相应的创新认定体系，并依托创新实践活动来确定相应的学分。学生参与具体的实践活动时，能够获得相应的培训机会，并对该类项目给予相应的资金扶持，对一些成绩比较显著的学生给予相应的奖励。

至今，该套考核方案已经试行了三个学年，效果突出。撤销了传统的试卷考试模式，引领学生们将注意力转移到具体的学习过程，学生的注意力也更加集中，自身学习的主动

性也得到了很大提升。此外，也能使学生在自主学习的过程中感受到更大趣味。在这种模式下，不再是传统的背诵性学习，进一步提升了学生的主体地位。依托自主设计，不仅有利于提升学生学习的信心，也能对学生的实践运用能力展开全面考核，从而将学习目标的理解、考试等多个方面转入到创新和实践领域。

第三节　高职单片机原理与应用技术教学改革探索

高职高专生源情况的变化促使高职教学必须打破传统的满堂灌形式，基于项目化的教学模式改革顺应时代发展，适合高职学生特点，具有较强的理论价值和实践意义。以单片机原理与应用技术课程为例，从教学目标、教学内容、考核形式和教学辅导等多方面对高职教学模式进行项目化改造，探索在教学实践中的具体实施方案，进而在评价体系平台的开发、项目分组的合理性、宏观层面的指导和支持方面进行了重点分析，具体建议包括：①开发基于计算机的课程评价体系平台；②对学生分组时应将项目小组成员涵盖优等生、中等生和后进生，以促进各层面学生在项目实施过程中均能受益；③学院和系部应将教师把参与教学改革的情况和年终评优、评先等相结合，

一、选题背景

单片机因智能化强、低功耗和具备较强的驱动能力，广泛应用于工业、信息化和智能家电领域。随着单片机的广泛应用，单片机应用技术人才需求旺盛，国内外技术人员在对单片机应用领域拓展的同时，各大专、本科院校也在加速对单片机类课程开发和教学的改革探索。但因各高校在师资力量、实验实训条件和区域需求等方面存在差异，教学改革研究也存在着差异。在河南省职业教育品牌示范院校重点专业建设和省级专业综合改革试点项目中都明确提出，单片机教学要加强嵌入式技术与应用专业内涵建设，以项目驱动、任务导向为切入点加快课程建设与改革。本节以嵌入式技术与应用专业核心职业技能课程单片机原理与应用技术的课程建设与教学改革为例，探讨我校信息工程学院在项目化课程建设方面所做的改革尝试，为高职专业课程教学改革提供理论指导和技术支持，使其在教学改革中探索符合专业特色的教学模式，进而提高人才培养质量。

二、实施方案

本课题遵循高职教育教学规律，以培养学生能力为核心，对单片机原理与应用技术课程进行项目化改造，旨在为提高学生的职业能力探索一条切实可行的途径。依据高职嵌入式技术与应用专业人才职业能力需求，确定该课程教学目标；结合岗位（群）的典型工作任务确定课程项目，建立配套的教学资源库；采用课内实训和课外创新相结合的"双线制"

训练方式，形成基于工作实际、与职业能力培养相适应的项目化教学模式；构建以能力考核为核心、注重过程考核的多元化课程评价体系。

课题组在设计课程标准、教学目标和组织教学时面临着如何选取教学内容，教学活动是否以学生为主体，如何培养学生实践能力，如何提高学生学习兴趣等诸多问题。为解决以上教学问题，本专业在实施课程教学时采取以下方法。

（一）教学目标合理化

近年来，高职生源呈现质量下降、数量锐减的现象，学生之间的差异越来越明显。课题组在设计教学目标时，尽量摒弃"高大上"的思想，突出高职教育特色，设计适合当前高职学生特点的教学目标，不以知识传授为目标，不追求学科体系的完整性，而以能力培养为目标，以职业活动为导向。

课题组在对该课程实施项目化教学改革的基础上，开发 51 单片机实训套件 60 套，累计申报河南广播电视大学一般课题 1 项：单片机原理与应用技术课程项目化教学改革与实践（项目编号：GZYB2014034）；申报河南广播电视大学 2015 年教学资源建设项目 1 项：单片机原理与应用技术网络课程（豫教〔2013〕11473 号）；申报 2013 年河南省教育厅信息技术优秀教育成果奖和 2014 年河南省教育厅信息技术优秀教育成果奖各 1 项（豫教〔2014〕15374 号），且分别获得二等奖和三等奖。

（二）教学内容项目化

本课程的项目化课件是以 Keil51、Proteus 等电子类专业软件和屏幕录像工具为基础，利用 Office 软件制作的融文字、动画、多媒体等一体化的综合课件。课程各环节均采取项目化的形式组织课件，项目载体来源于生活实际、由易到难，并且体现以"教师为主导、学生为主体"的课堂教学组织形式，符合学生接受知识的一般规律，变被动接受知识为主动学习，提高了学生参与课堂教学的积极主动性。各子项目任务描述清晰、学习目标明确，"教师主导项目"均附有详细的 Proteus 仿真原理图、源程序清单和配套作业等；较为复杂的子项目附有屏幕录播软件录播的项目动态运行图，以便学生直观理解项目动态运行状况，并设计实际作品验证，项目可操作性较强。所有项目的 Proteus 仿真原理图及配套源程序均为课题组自主设计完成，且调试通过，学生可直接依据项目仿真图设计实际作品。

（三）教学形式多样化

课题组在对嵌入式技术与应用专业高技能人才职业能力需求进行调研的基础上，根据单片机应用技术在本专业学科体系中的地位，校企专家共同筛选与单片机应用技术相关的典型工作任务，将单片机应用技术的知识点、能力点整合和重组，选择能够贯穿职业能力培养的压顶石项目，项目难易程度要以大部分学生在课程教学实施中独立完成为宜，教学内容在逐步完成项目的过程中展开，课内实训指导和课外自主创新相结合，设计以能力培养为核心的教学目标。

（四）考核形式多元化

常规专业课程的考试方法一般采取"笔试"加"上机考试"，所考查的内容大多是任课教师根据课堂所讲的内容及学生学习情况设置的题目，这种考核方式存在以下缺陷：一方面考核形式的单一性使得该课程与相关专业课程群脱离，而且考核形式单一化，容易出现部分学生为了通过考试临时突击的现象，未体现职业技能的培养，导致考核结果与课程标准和目标脱节；另一方面，由于考核题目主要来源于教材或由任课教师虚拟设计，与工程实际脱节比较严重，容易出现所谓的"高分低能"现象，学生学完课程后在实际项目中并不能熟练应用所学知识。

如何调动学生学习积极性，变被动学习为主动参与，更好地提高学生职业能力也是课题组在设计课程考核方式时面临的一大难题。经过几年单片机类课程的教学探索，本课题组采用"过程考核"和"集中闭卷考试"按照一定比例结合在一起形成课程最终考核成绩。其中，过程考核采取课内实训和课外创新相结合的形式。课内实训主要考核学生对基本知识点的掌握程度；在项目实施过程中将综合数字万年历项目细分为多个子任务，在课内实训实施过程中分别对各子任务进行阶段性考核，实时掌控学生对基本知识点的理解和灵活应用情况，最后将各子任务整合成数字万年历项目，并对项目进行考核；在课外创新验收环节，要求学生独立完成项目说明书的撰写，并完成项目软硬件设计，验收时学生需制作幻灯片公开答辩，评委老师和学生均可自由提问，评委老师根据项目创新情况和答辩情况现场打分，作为过程考核成绩的一部分。如学生参加嵌入式助理工程师认证，可采用认证成绩替代课程成绩；如学生参加省、国家级职业技能竞赛并获奖，可根据奖项级别置换课程过程考核成绩。

（五）课程辅导一体化

课题组围绕"课程介绍、课程标准、教学目标、单元设计、教学案例集、在线答疑"等模块开发了与课程配套的辅导网站。其中课程整体设计、理论课程标准、实训课程标准、常规实验指导、单元教学设计等模块均提供 doc 源文件的下载；项目化教学课件和作业布置模块均以 SWF 直接显示其电子文档动画，同时提供 ppt 和 rar 源文件下载；项目化教学案例模块集成项目要求、flv 格式的项目运行效果和项目源代码，并提供相应的 Keil 工程，其中项目运行效果可在网页上直接播放，具有"暂停""播放""声音大小""全屏"等基本功能，同时也可下载录像；在线答疑模块提供了师生实时交互平台，教师还可以通过在线答疑模块布置作业和批改作业。另外，网站提供强大的后台管理功能，方便对网站中的各种数据资源管理，后台管理路径"网站目录 /admin/login.asp"，用户名"admin"，密码"admin"，登录后即可对网站资源管理。

三、教学改革成果

课题组在开展项目化教学时，遵循以学生为主体、教师为主导的教学形式，注重课内实训指导和课外自主创新相结合。在课内实训环节，学生以小组为单位组成项目团队，在教师的指导下完成既定的实训任务，在完成项目的工作过程中培养专业实践动手能力、文档编辑能力和团队协作能力等职业综合能力。为提高学生自主学习能力和创新能力，教学活动的组织过程引入开放型设计环节，围绕课程内容布置开放性创新设计题目，并利用专业兴趣小组为学生开展设计指导，通过开展课外创新设计，学生的文档组织能力、查阅资料能力和创新能力得到了较大提高。

在对单片机课程实施项目化教学改造后，大多数学生对单片机课程的学习兴趣浓厚，并且在教师的指导下设计了许多基于单片机的优秀作品，如 2013、2014 级嵌入式技术与应用专业学生在教师指导下设计的家用无线智能防盗报警器、基于三轴加速度传感器的独居老人监护系统、基于 GSM 网络的智能烤房控制系统等。我校嵌入式技术与应用专业学生连续 4 届参加全国信息技术应用水平大赛电子设计团体赛，所设计的单片机控制类作品累计获得全国一等奖 1 项、全国二等奖 3 项、全国三等奖 5 项、省级奖项若干的骄人成绩。

四、关键问题分析

（一）评价体系平台的开发

课程考核在课程教学改革中占据着重要的地位。在课内项目实施过程中，为保证实训质量，课题组教师坚持"以学生为主体、教师为主导"的职业教育理念，将阶段性自评、互评和教师点评相结合，综合考查学生实训情况。但是考核的烦琐导致教师和学生花费大量的时间和精力疲于应付考核。因此，下一步可以考虑开发基于计算机的课程评价体系平台，节省学生和教师的时间与精力，更好地开展实训。

（二）项目分组的合理性

高职学生基础普遍较差，自主学习和自我管理能力相对较弱，在项目分组时往往出现扎堆现象，同一宿舍的学生更乐意分在一组，这样就不能以"传、帮、带"的形式达到优等生带后进生的目的。建议任课教师分组时对学生分层管理，每个项目小组成员要涵盖优等生、中等生和后进生，让各层面学生在项目实施过程中都能学有所成。

（三）宏观层面的指导和支持

从长远来看，教学改革的受益者不仅有学生，还有直接参与教学改革的一线教师。通过教学改革，教师的教学组织能力和实践能力得到了锻炼和提高，但仍有部分教师对教改不理解，不愿意去尝试。为调动教师参与课程改革的积极性，学校必须有政策的倾向和资金的扶持，并为教师开展理论指导。建议学院和系部定期为教师开展教学改革理念的培训和指导，并出台相应的文件，鼓励教师参与课程改革，把参与教学改革和年终评优、评先相结合，充分调动教师参与教学改革的积极性。

实践证明，打破传统教学模式和考核方法，设计基于项目化的教学内容符合当前高职特点和学生实际情况，能够在一定程度上提高学生实践动手能力、团队协作能力等综合职业能力，进而提高就业核心竞争力。但是课程教学改革任重道远，面对教学改革的挑战，任课教师需要不断加强理论学习和实践探索，提高自身的实践教学能力和课堂组织能力。

第四节　基于应用型人才培养深化单片机应用教学改革

应用型教育的目标是培养能够熟练运用知识，解决生产实际问题，适应社会多样化需要的人才；其课程体系、课程内容、教学模式、教学方法和评价指标等，应围绕加强学生实践能力，强化学生知识与技能的应用，提高学生综合素质而展开。《单片机原理与应用》课程是一门面向应用的、具有很强的实践性与综合性的课程，深化《单片机原理与应用》课程教学改革，就是要加强实践教学环节，加强对学生实践能力的培养与训练，避免理论与实践相脱节，实现应用型人才培养目标。通过该课程的学习，使学生掌握单片机原理与应用及其在工业控制、经济建设和日常生活中的应用，培养学生实践能力、创新能力和新产品设计开发能力，为将来从事电子电器新产品设计开发奠定坚实的基础。

一、课程教学特点

（一）课程性质与地位

单片机是一个集成了 CPU 存储器接口等计算机部件功能的小芯片，具有出色的控制能力和性能价格比，被广泛应用于各式各样的智能化、自动化、通信等设备的控制系统之中，是现代电子工程领域一门应用广阔的技术。

该课程是电子类、自动控制类、通信类、车辆工程类、机械设计制造类等专业的一门重要专业基础必修课，是一门承上启下的课程，先修课程为《计算机应用基础》《电路基础》《模拟电子》《数字电路》《C 语言》，通过《单片机原理与应用》课程学习奠定了后续的《DSP》《嵌入式系统原理与应用》课程学习基础。

（二）课程目标

课程的教学目标是使学生能够掌握单片机的内部结构和工作原理、指令系统和汇编语言的编程方法、存储器扩展和中断系统、I/O 接口总线等问题，同时让学生熟悉单片机的编程系统和相应仿真系统，以培养学生在工程应用中解决实际问题的能力。

二、采用项目化教学

在学习《单片机原理与应用》课程时，涉及复杂的硬件知识和软件知识。传统的教学让学生系统地获得单片机知识方法是从讲授单片机的硬件结构、指令系统、汇编语言程序设计、中断系统、定时/计数器、串行口、I/O扩展、串行总路线扩展到单片机的模拟接口，这是一种"知识导向"的模式。这一模式虽有其优势，初学者很容易学了后面忘了前面，不利于培养应用型人才，为了逐步深化学生的能力培养，所以对单片机教学进行了大胆改革，在教学方法上由"知识导向"的人才培养模式向"实践导向"人才培养模式转变。建立科学合理的项目化教学，改革了只注重传授理论知识的教学方式，把能力培养放在首位，在选择项目任务时，既考虑培养和提高学生的创新能力又要提高学生学习单片机的兴趣，而兴趣又是激发学生创造性思维的源泉，所以选择12个项目由浅入深、循序渐进地进行教学，即首先讲授单片机必需的硬件知识、指令系统并介绍Proteus、Keil、STC软件的使用，再根据单片机的硬件结构和指令系统的知识结构，以单片机I/O口、中断系统、定时/计数器、串行口、外围接口扩展为主线，以项目任务驱动进行讲解知识点，实行理论与实践并重的教育模式。同时在教学中使用Proteus、Keil、STC软件，围绕STC—51系列单片机开展演示教学、实验教学。

这种教学方法的优点是根据应用来学习单片机的知识，指令系统也分配到几个项目中去学习。使理论教学与实践紧密结合起来，学生感受单片机能够做些什么，提高了学生的学习积极性，从而获得良好的教学效果。但是完全按项目教学也出现了缺陷，它使得单片机的知识被分散了，知识变得不系统性、连续性。我们教学中在采用项目化教学时也注意到知识的系统性、连续性，既能提高学生的学习积极性，又能提高学生的实践能力。

在教学中也跟踪单片机原理与应用技术的发展，改革课程内容体系，将新器件、新技术和新方法及时地引进课程，全面提高教学质量。

三、《单片机原理与应用》课程实践教学改革的措施

实践教学是验证所学理论知识和学生工程实践能力的重要途径，通过实践活动培养学生的思维能力，工程综合能力、科技创新能力、工程分析能力和理论结合实践能力，以适应企业和社会的需求。

（一）教材建设

教材选用艾运阶副教授主编的《MCS-51单片机项目教程》教材，于2012年北京理工大学出版社出版。这该书是高等学校"十二五"精品规划教材，是高等教育课程改革项目研究成果，同时还配套对应实验指导书。

（二）实验建设

首先，选用 Proteus 7.7 综合仿真平台，将实验室中开展的实验延伸到实验室之外。即课程的实验课室可以延伸到多媒体理论课室、可以延伸到课表学时之外，Proteus 仿真是单片机实践教学的一个重要环节，大大增加了学生的"动手机会"和"动手时间"。其次，课程实验室设备配有多媒体网络投影设备和多种开发平台（Proteus 综合仿真平台、Keil 编程软件、Jrisp 开发实验板、DZX_I 单片机综合实验箱（广东白云学院开发）等，完全满足教学要求。

（三）开设《单片机原理与应用课程设计》，培养学生创新能力

在该课程结束或即将结束时，进行《单片机原理与应用课程设计》教学，是学生提高理论水平的一个重要过程。根据每个学生的学习情况合理地分组，组内优势互补，每一小组自选设计的项目，其课程设计的步骤：

（1）进行查找相关资料，进行系统分析和总体结构的构思，编制元器件清单，进行方案论证，教师对设计方案进行指导。

（2）确定方案后，小组成员分配制作任务，画出电路图，准备器材，进行元器件检测；在系统硬件制作中，PCB 板上的整体元件布局、布线要尽量合理，然后腐蚀，焊接元器件，硬件电路制作完成后，还要进行硬件电路调试或测试。

（3）设计程序流程图、编写软件程序；录入程序、软件编译调试、仿真调试；软件调试，程序固化，试运行。系统整体调试，编写使用说明。

（4）编写设计报告，答辩。

（5）根据设计完成情况、现场表现和答辩综合评估每位学生的成绩。

《单片机原理与应用课程设计》是教学成果的进一步巩固和学生能力培养的综合提升，为今后在各个应用领域开发电子产品项目打下坚实的基础。

（四）学生创新平台

学院专设大学生创新中心，内有元器件库、多功能嵌入式开发系统、PCB 腐蚀机、热转印机、数字存储示波器、稳压电源、信号发生器、高精度数字电压表、电工工具、木工工具、切割机、钻床等。不仅能开展单片机应用制作项目，而且能开展大学生各种科技创新和竞赛项目，培养学生专业技能和工程应用能力。

（五）开设精品视频公开课

通过《单片机原理与应用》精品视频公开课的建设目的在于引导学生自主学习、自主控制学习的进度和节奏，把以教师为中心的课堂教学，实实在在地转变为以学生为中心的自主学习过程。该视频能够起到启发学习和示范作用，从而提高学生的自学能力。

基于应用型人才培养模式，在理论教学的方式方法上进行改革，突出教学的实用性，

实践性; 沿袭"CDIO工程教育改革"的一系列教学改革成果, 特别在教材建设、实验室建设、课程拓展训练等方面成果突出, 为开展应用型人才培养提供了丰富的经验和资源; 将课程建设与开展学生课外电子技术科技活动结合, 如参加广东省电子设计大赛、飞思卡尔智能车华南赛区竞赛等各类相关竞赛中取得了很好的效果, 切实加强了学生的实践动手能力和创新能力。

第五节 《单片机应用技术》课程教学优化

基于当前职业教育一体化教学改革形势下的《单片机应用技术》课程教学优化分析。首先分析出通过明确教学的目标, 增强目的性; 丰富教学的内容, 优化教学方法; 设置合理的问题, 激发学习欲望三种教学策略, 来增强课程教学的质量和效果。最后分析出单片机应用技术教学的优化, 能够增强教学的针对性和趣味性, 让学生更加轻松地掌握和记忆所学知识, 保障了学生学习的实效性。

当前职业教育一体化教学改革飞速发展的态势, 对技工院校的单片机应用技术课程也提出了更高的要求。因此, 需要教师对教学进行不断的优化和创新, 不仅要让学生掌握专业的知识, 还应该熟练的运用一些基本的操作技能和编程方法, 实现学生的理论和实践的高度统一。所以, 教师要结合实际生产岗位, 积极的探寻多种不同的教学方法, 能够有效地增强学生的技能水平, 培养学生的职业综合能力, 确保学生学习的实效性, 促进学生的实际学习效果和学习效率得到强化, 更好地适应社会和企业对单片机高技能人才的需求。

一、明确教学的目标, 增强目的性

由于现阶段的学生, 对单片机应用技术基础知识的学习水平不同, 存在着较大的差异。因此, 在实际的教学中, 教师不仅要遵循教育教学的原则, 还要充分地考虑到学生的个性化差异, 明确出教学的目标, 确保教学具有针对性。首先, 教师可以将教学目标, 划分为两个层次。首先, 对于基础的教学目标, 主要是让学生掌握其一些常用的操作, 以及系统中常见的故障, 并有效的理解其检测和解决方法。这样, 学生自然就会学会单片机的主要工作原理, 有助于学生进一步去设计硬件。

其次, 对于比较高级的教学目标, 主要是让学生在基础学习的前提下, 去拓展一些单片机的常用接口技术, 并让学生能够精通两种单片机, 且可以尽最大可能地去掌握新型号的单片机, 能够独立的编制各种应用程序, 设计出比较复杂的应用系统, 使学生具备较强的编程能力, 可以去调试一些设备, 开发一定的项目。

二、丰富教学的内容，优化教学方法

对于单片机应用的岗位特点和要求，在实际的教学中，教师要高度重视对学生动手实践能力的培养，促使学生能够经历实际的操作，去进一步理解和记忆理论知识。因此，教师要不断丰富教学内容，鼓励学生运用已有的知识和经验，去完成一些工作，让学生能够及时正确的发现故障问题，促进学生实际学习效果的增强。

比如，在中国劳动社会保障出版社《单片机应用技术》教学中，教师可以为学生合理的布置学习任务，引导学生去主动学习，查阅资料，进而完成学习任务。比如，教师可以让学生利用 Protues 去绘制硬件的电路图，借助仿真软件，去进入到虚拟的仿真电路中，充分发挥自己的主观能动性，积极查阅资料，去自主完成硬件电路图的设计，并能有成效的对软件进行设计。进而，当学生每完成一个软件的设计后，就可以通过虚拟的仿真平台，进行实时仿真，展现其效果，并同时联合软硬件进行调试，完成学习任务。这样既有效地增强了学生学习的直观性和趣味性，促使学生更加深层次的掌握所学的知识，又让学生的理论有效的转化为了实践。不仅改善了学生的学习方式，还使学生真正体会到学习单片机的乐趣。

三、设置合理的问题，激发学习欲望

在单片机应用技术的教学中，教师在对教学进行优化的过程中，需要注意对学生学习兴趣和欲望的激发。因此，教师可以根据具体的教学内容，为学生设置合理的问题，引导学生产生积极主动探究愿望，让学生在完成任务过程中，去进一步理解和运用相关的理论知识，促使学生逐渐构建出知识的体系，具备一定的技能和能力。同时，教师要确保问题的趣味性，让学生能够产生强烈的好奇心，将其内化为学生探究知识的动力，让学生能够按照实际工作的完整程度，去拟定解决的计划，促进学生实际学习效果的增强。

比如，教师可以让学生以小组为单位，用 p1 口去控制八个发光的二极管，呈现出流水灯状闪烁。学生可以将单片机的并行口结构，在编程软件中输入设计好的程序，再将程序烧录到单片机的内部，最后完成实训任务。最终，学生在完成任务的过程中，更加轻松的掌握了相关的知识，整个过程也促进学生职业综合能力的发展，为学生今后步入工作奠定了良好的基础。

综上所述，单片机应用技术教学的优化，不仅能够增强教学的针对性和趣味性，而且让学生更加轻松地掌握和记忆所学知识，从而保障了学生学习的实效性。通过教师精心设计的教学任务，为学生明确不同的教学目标，不仅要让学生掌握专业的知识，还应该熟练的运用一些基本的操作技能和编程方法，实现学生的理论和实践的高度统一。从而，使学生具备较强的编程能力，能够独立的编制各种应用程序，设计出比较复杂的应用系统，可以去调试一些设备，开发一定的项目，促进学生职业综合能力的发展。

第六节 基于 16 位单片机的应用实践教学探讨

高等教育与行业脱节严重阻碍着国家战略发展规划。随着工程教育改革的推进，作为对人才培养起承上启下关键作用的单片机课程建设亟待革新。本节以 MSP430 系列单片机为切入点，对基于 16 位单片机的应用实践课程进行研究探讨，坚持以人为本，以学生为教学主体的原则，有针对性地组织教学内容、革新教学方式方法和教学考核等几大主要环节进行探索，调动学生的主观能动性，使学生真正成为学习的主体，通过分析教学效果，发现此次课程教改起到了一定的积极促进作用。

近年来，我国开始高度重视工程教育，从工程教育人才培养的目标来看，工程教育模式下的课程教学改革需要从教育教学理念、体制机制、课程内容、教学方法等方面实现与社会行业对接。

单片机课程是一门专业基础课程，传统的教材按照理论体系进行编写，虽然严谨，但学生从原理学到硬件再学到编程，不仅耗时而且效果也不好，结果仍然不会独立自主搭建一个完整单片机系统。

MSP430 是美国 TI 公司生产的超低功耗、高性能 16 位混合信号处理器。自 TI 推出以来，凭借其优越的性能备受业内工程师欢迎。

本节以 MSP430 为核心，以 LaunchPad 开发板为基础平台，以 Code Composer Studio 为开发环境，内容涉及嵌入式 C 语言、电子技术基础、微机原理以及传感器技术等相关课程，探索了单片机应用技术课程教学改革方案，具体从教学内容、教学方式方法、教学考核革新及教学效果等内容展开。

一、教学内容与方式方法的改革

（一）教学内容

与传统 MCS-51 单片机相比，MSP430 系列单片不仅理论上有一定难度和深度，在设计的灵活性和创新性方面也有很大的可操作空间。MSP-EXP430G2 LaunchPad 是 TI 公司推出的一款 MSP430 开发板，提供了具有集成仿真功能的 14/20 引脚 DIP 插座目标板，可通过 Spy Bi-Wire（2 线 JTAG）协议对系统内置的 MSP430 超值系列器件（G 系列）进行快速编程和调试。主要涉及的内容如下。

（1）MSP430G2 单片机原理部分。MSP430 系列单片机、时钟与休眠模式、通用 IO 口、ADC 模数转换、定时 / 计数器、FLASH 控制器、通信接口、比较器、调试接口。

（2）嵌入式 C 语言。MSP430 单片机的位操作、寄存器配置、宏定义、中断的使用、函数与义件管理。

（3）Code Composer Studio 开发环境。下载和安装 CCS、新建 CCS 普通工程、MSP430ware、CCS-Grace。

（4）MSP430 LaunchPad。供电单元、电源指示、负压的问题、仪器仪表共地的问题、滤波电容、电源线耦合干扰、去耦电容。

（5）基础实验。WDT 定时器、LED 驱动、串口通信、按键中断、定时器与计数器的应用、输入电压 AD 检测、PWM 信号发生。

（6）进阶实验。多路电源开关、风速测试仪、窗帘电机控制器、数字频率计、自行车里程表、热释电红外超声检测等。

本课程教学内容繁多，不同于以往的单片机教学课程，每一个章节模块都深究细挖，本教改更像是传统单片机课程的一个辅助，融合了很多相关课程，学生在学习本课程时通过打开自己的思维，融会贯通，最后会有一个质的飞跃。

（二）教学方式方法

本教改课程内容的实施方法可概括为：总分总＋理论实践＋项目驱动。

（1）总分总。贯穿于课程整个过程中，每一个知识板块先进行整体讲解，然后再具体某一个模块，最后再反馈到整体，让学生有理可依，有据可查。

（2）理论实践。课程前半段，以理论基础讲解为主，同时辅助相应实验，加深理解体会。

（3）项目驱动。课程后半段需要学生独立完成一些小项目，可以参考相关学科竞赛和科创活动，然后通过撰写论文报告及实际操作演示，促进学生形成一定的独立实践素养。

学习一门课程，所谓入门就是需要知其然，想要知其所以然就需要刨根问底。首先通过总体的概述，由整体到细节，引导入门；而理论知识是基础，基础打好了才可以融会贯通；课程实践对学习一门工科来说是必不可少，点线面式的各个击破知识点可以牢固地树立起一套完善的系统，立足当下，放眼未来；以项目化来驱动教学，辅以一定的学科竞赛和科创活动，极大地激发同学们的学习热情，激发了他们的潜能和创新创造力，使他们与其他学生相比较，各方面都有很大的提高。

二、教学考核革新及教学效果

（一）教学考核

教学考核是课程完结的最后一百米，在学生心目中，评价的关键是公平、公正、公开，这是建立评价方法的基础。本教改课程在考核时不仅仅关注实验结果，更看重学生的思维方式方法以及三观的形成。如果发现问题要及时反馈，以作正确的引导。考核的形式包括自评、同学之间的评价，以及师长考评等。

针对课程不同的学习阶段，需要辅以不同的考核方式。初期，主要是针对每个模块进行原理性的知识点考察，通过笔试和口述的形式督促同学们；课程中期时，同学们已经做了一些实验，有了一定的实践动手，这个时候就需要针对他们对整体概念的掌握有一个考核，由点及线，由线及面，以考察同学们知其然并知其所以然的能力为主；课程后期需要放宽眼界，立足本课程，放眼专业行业等社会需求，做到教育回归工程本源。

以上的前、中、后期都是贯穿于该课程日常教学中。另外，还有一个很重要的工作就是把要教学回归到学生自身，发挥同学们的主观能动性，在前、中、后期不同阶段，针对不同课题，使同学们通过课下查阅资料，动手实践，然后在课堂上进行自我展示，与此同时，剩下的每位同学都是评委，结合切身体会给予报告以评价，锻炼同学们的综合素质。

（二）教改效果

通过本课程教改之后，包括学生成绩等各方面都有了一定的显著效果，很好地锻炼了学生的学习实践能力。通过本课程教改实践，学生们普遍反映，对知识的掌握比以往更扎实，彼此之间的联系也变得更紧密了，也锻炼了良好的学习习惯和学习的方式方法，以后再接触相似课程或项目，起码不会不知所措，会有的放矢。很多同学在参加学科竞赛和科创活动时，都表现得游刃有余。当然，在与学生们的各项互动中，任课老师也是很有收获的，有效实现了教学相长。

通过此次课程教改，对学生和老师来说，无论是课上课下还是课内课外都有了很大的促进作用。

本节以 MSP430 系列单片机为切入点，对基于 16 位单片机的应用实践课程进行研究探讨，期间，坚持以人为本，以学生为教学主体的原则，不断丰富完善教程，积极听取学生意见和建议，有针对性地对组织教学内容、革新教学方式方法和教学考核等几大主要环节进行探索，调动学生的主观能动性，使学生真正成为学习的主体，通过分析教学效果，发现此次课程教改起到了一定的积极促进作用。

第七节　基于 C 语言的单片机应用技术教学策略研究

随着社会经济的快速发展，职业学校学生的价值定位正在逐渐发生转变。职业教育要不断提高自身教育教学质量，才能培育出更多高素质、高技能的复合型技术人才，去提升职业学校学生的就业质量、服务区域经济。C 语言是单片机开发的主流语言。基于 C 语言的单片机应用技术是电子和电气专业必修的重要应用技术课程。主要针对在高职学生中开展单片机教学时产生的问题进行教法探究改进，从而促进单片机应用技术课程的有效教学，提升学生的单片机应用开发能力。

一、基于 C 语言的单片机应用技术优势

单片机应用技术是电子应用技术专业的一门核心课程，具有较强的实践性和较广泛的

应用性。而 C 语言作为世界上最流行、使用最广泛的高级程序设计语言之一，也是电子和电气专业学生应该学习的一门计算机语言，目前用 C 语言来实现程序编写依然是许多电子企业在进行单片机项目开发时首选的一种编程方式。

我校选用的《单片机应用技术（C 语言版）》是一本较注重职业技能训练的教材，它以项目任务引导教学，知识内容十分强大且贴近工作岗位要求，既突出重点，又十分实用，始终围绕单片机应用为主线，将相关的 C 语言知识融合在单片机任务中，具有较强的实用性、可操作性和趣味性，学生能在技能训练中逐渐掌握编程方法，提高基于 C 语言的单片机技术应用能力，有助于今后在岗位上进一步拓展专业知识和提升技术能力。

二、基于 C 语言的单片机应用技术的教学开展现状

（一）职业院校学生自身因素的影响

据调查，电子电气专业学生对单片机及 C 语言技术的学习是较为感兴趣的，但很多学生在入职业院校学习以后一再自我放纵，自律能力大大降低，养成了很多不良学习习惯，虽然很想学，但信心不足，且学习缺乏主动性和自主性，拒绝思考，很多精力都被分散在除学习以外的其他事情上，缺乏进取精神。

（二）专业基础差，单片机应用技术和 C 语言知识融合困难

总体上讲，这门课程的知识信息量是相当大的，但因理论和实践的内容结合得很有针对性，适应性较强，因此，在教学时能突出重点，把握技术要点，然而由于学生本身专业基础比较薄弱，在对知识的理解上、知识的运用上以及具体事例的实践上存在一定的困难，在实践过程中多次遇到瓶颈期，难以突破，致使学生无法将单片机和 C 语言进行有效融合，大部分学生只能停留在勉强读懂程序，能修改程序的学生寥寥无几，能应用编程的人就更没有了。

（三）结合岗位的实验任务量较多，单靠课堂时间无法全部实践

课程的基础实验内容十分贴近岗位任务，且层层递进，为了促进学生学完基础知识后，能将其进行举一反三地进一步巩固，课程中增加了很多提升知识运用能力的任务。但因课堂时间有限，且学生需要足够的时间去消化，巩固基础知识，所以一般只能根据大部分学生的掌握情况选择基础实验内容进行实践，无法持续调动学生的学习积极性，影响了学习的进度和学习效率提升。

（四）单片机实训装置使用不勤，学生懒于动手实践

单片机实训装置是学习单片机应用技术的关键载体，只有多加实践才能有效提高应用能力，但高职学生本身缺乏学习耐心，大多又懒于动手，利用合作模式开展教学虽有优点，但也有弊端，部分学生看得多做得少，认为自己看懂了就会了，其实根本就不曾动手，也

缺乏实践的经验。课后更加不会主动练习或钻研，致使每章节知识都没有得到充分学习和有效巩固，实训课堂效率降低。

（五）数字化资源未能切实得到使用

自律能力差的学生往往沉迷于移动设备难以自制，移动设备确实严重影响了大部分学生的学习，但一味制止学生课堂使用手机显然还是不能让学生真正调整到学习中。其次，虽然设备上面有着很多丰富的数字资源，对学生的学习能起到帮助，但学生缺乏自主学习意识，自制能力也很差，若没有教师督促，学生不会自主使用资源学习，数字化资源形同虚设。

（六）考核次数少，考核机制固化

目前除期中、期末考试这样的固定考核，其他考核方式很少，考核过后即使知道哪些人学得好，哪些人学得不好，由于考试时间间隔太长，不能在学生每次开始掌握得不是很好的时候就及时发现并调整学习进度，而致使部分学生彻底跟不上，且大多考核只是针对理论，实践的考核内容不仅单一，而且较少，起不到好的考核效果。

三、基于C语言的单片机应用技术的教法改进

（一）落实课程显性目标和终期隐性目标，引导学生得到能力提升

在课程开始初期，必须有计划地落实本课程的学习目标。首先，明确随堂显性目标，让学生根据书本的项目任务从最基础的项目着手，确保基本知识的运用能力，并根据每个学生的掌握情况，布置递进式的项目任务达标个数。其次，确定几个实用性较强的单片机应用系统综合设计项目，作为学生的终期隐性学习目标，引导学生向课程的终期学习跨步，如数字钟、温度计、倒车雷达等，学生自行挑选项目，再根据相同项目组队，抱团学习，开展研究。每组组长有计划地将项目任务进行分工，并定期组织讨论，促进项目任务的进展。最后，可以继续加强对学生能力提升的引导，如对源程序的修改和补充，以及对外围电路的简单设计。学以致用使知识得到传递、前进，能力得到真正的提升。

（二）课堂"精"选工作任务，"细"排任务环节

工作任务的选取从职业岗位能力出发，符合高职学生的学习特点。任务须基于常用元件的选择和使用，比如LED串联限流电阻、蜂鸣器与三极管的组合、按键开关的使用等。且任务的安排需符合职业岗位的工作流程，让学生对系统的开发过程有所认识，其中包含电路原理图识读、元件清单的核对、根据功能要求和外围电路设计进行程序的编写和烧录，以及提炼所涉及的知识点进行提示与说明，将任务环节拆分得更为细致，分工及流程更明确，任务由浅入深，从简单到复杂，环环相扣，学生在"做"的过程中逐渐理解单片机原理与认识结构，使最后功能的实现和知识的收拢显得水到渠成。在"做"的过程中学生获

得了有关单片机应用的技巧和经验，有了进一步地尝试应用于更高一级的单片机应用项目的开发任务中的积极性和自信心，学生在这种"做中学，学中练"的认真活动中获得极大的成就和学习乐趣，拉近单片机教学与职业岗位需求的距离。

（三）"勤"用实训平台，规范操作工艺

YL-236型单片机控制功能实训考核装置，是根据中等职业学校单片机教学与应用的内容和要求，按照职业岗位的工作内容研发的实训设备。功能模块较多，软硬件结合，模块之间连线灵活多样，被作为单片机竞赛的开发平台。我们在课堂上将结合单片机实训设备完成所有基础项目任务的实践，让学生通过任务知识的分析，熟悉即将使用到的功能模块，掌握模块的线路接法与对应的参数设置，学生通过平台多次练习外围电路的连接，从而进一步加深了对单片机引脚功能以及单片机最小系统的认识。除此之外，规范操作工艺可以进一步帮助学生理清接线思路，如果线路连接杂乱无章，必然会影响到自己或他人学习和检查，也就不利于电路功能的实现、学生能力的提高和职业素养的提升。学生在课堂上无法完成任务，每周可安排一至两次的实验室开放时间，让有需求的学生组队实践，通过层层设疑、步步引导，让学生感受到闯关的激情，也可适当提供些竞赛项目供学生学习思考。

（四）加强单片机软硬件的结合，强化实践过程

1. 将单片机外围电路和程序语句的对应学习

学习外围电路之前，必须让学生充分掌握单片机的最小系统，每接触一个新任务都要求学生在本子上绘制单片机最小系统，然后再绘制外围其他电路。在后期的实践过程中，通过自己寻找任务所需模块，根据自己的设定连接模块，再根据外围连接对应编写出程序，根据现有程序练习外围硬件电路绘制及模块的连接。通过程序编译烧入，在单片机实训装置上进行验证，观察实验现象，分析思考，巩固提高。

2. 分析基于C语言的单片机技术编程结构特点

单片机C语言具有良好的程序结构，让学生在多个实际单片机程序设计过程中，不断对比，寻找共同点，总结单片机程序结构和编写规律，比如控制一个LED闪烁程序、控制蜂鸣器发声程序、流水灯控制程序等，通过解读程序、剖析语法结构、巩固程序结构、简化编程过程，以此类推，不断对比、归纳和总结，提高编程的效率。

3. 加强对C语言常用语句的学习，反复运用

多写、多练是强化C语言编写能力最有效的方法，让学生抄写程序并手动输入电脑Keil Vision软件中进行编译，Keil Vision是目前应用最广泛的51单片机软件开发环境，通过反复输入，编译查错，加强语句的规范使用，改正错误语句，直到编译正确，或通过互相检查程序，进一步巩固提高。增加尝试修改程序的机会，熟能生巧，逐步掌握语句的使

用。在任务举一反三、逐步推进的过程中接触到新的函数或编写思路，都是一次知识提升及知识面扩大的机会。例如，用到按键，就要考虑怎样去抖动，用到移位，就要如何区分算术移位运算符或者移位函数的使用等，逐个吸收消化。

（五）"巧"用数字化资源和信息化平台，增加课堂互动

随着信息化技术越来越发达，数字化资源也越来越多，如学校拍摄制作了很多课程的微课，系统化地研究了配套的 PPT，这些都将贯穿在专业课程的学习中，充分利用这些数字化资源，引导学生利用资源开展自主学习，课堂上增加互动机会，活跃课堂气氛，同时利用信息化平台设置课堂作业实时反馈，确保学生的手机在学习时段用在学习上，保证课堂效率，并观察和督促学生的学习掌握情况，如果能建立健全的数字化资源库，在教学中针对学生的学习情况不断补充，可以进一步有效促进教师的教以及学生的学。

（六）加大对仿真软件 proteus 的使用，强化学生的思想理念

proteus 是目前应用最广泛的硬件仿真环境。通过绘制电路结构图，修改参数仿真运行等过程，可以再次加强对单片机本身、外围电路及其电路功能的认识，使学生在学习单片机应用技术的过程中养成仿真的习惯，在仿真验证的过程中养成爱思考分析问题的习惯，从而强化了学生的思想理念，使更多的学生能够认识到自身的价值，并静下心来学习钻研。

经过多方位的教法改进，从训练到实战，不断强化学生的 C 语言和单片机知识，提升应用技术开发能力，从而培养出更多的高素质高技能应用型人才。随着社会经济的快速发展，社会对职业学校培育出来的学生，绝不仅是"操作工"的定位，他们真正需要的是有思考和实践能力的"技术工人"，职业教育要不断提高自身教育教学质量，才能培育出更多的高素质、高技能人才，提升职业学校学生的就业质量、服务区域经济。

第七章　单片机应用教学研究

第一节　Proteus 在单片机教学中的应用

1970 年微处理器研制成功之后，随着就出现了单片机（即单片的微型计算机）。1971 年美国的 INTEL 公司生产的 4 位单片机 4004 和 1972 年生产的雏形 8 位单片机 8008，特别是 1976 年 9 月 INTEL 公司的 MCS-48 单片机问世以来，在短短的十几年间，经历了多次更新换代，其发展速度大约每两、三年要更新一代，集成度增加一倍，功能翻一番。单片机发展速度之快、应用范围之广已达到了惊人的地步，它已渗透到生产和生活的各个领域，应用非常广泛。

在许多院校的教学实践中总会有人提出与"单片微机原理及应用"有关的课程既难教又难学，教学效果不太理想，其主要原因在于：传统的"老师讲、学生听"的教学方法抑制了学生的学习积极性。针对"单片微机原理及应用"课程特点，寻求一种能较好地培养学生能力的教学方法是每一位任课教师迫切关注的问题。现在各学校的单片机实验教学一般分为两种：验证性实验教学和综合设计性实验教学。但是这两种实验教学方式中都存在了诸多缺陷。

各大电子生产厂家纷纷涉足学校的验证性实验教学领域，推出了先进、智能、完善的实验设备，并配备了详尽的使用说明书及实验讲义，这样表面上实验设备的先进与否体现了学校的实验水平，但是对学生们来说，实验设备越是智能，学生们动手和动脑的深度及广度就越小，而且，实验教学板有教学中硬件电路固定、学生不能更改、实验内容固定等方面的局限性，对扩展学生的思路和提高学生的学习兴趣方面收效甚微。传统的实验教学中，忽视了学生实验能力的培养，对于实验设计能力的培养，则很少涉及。学生学习了理论，要想将其应用到实际的工程实践中，其难度是比较大的。

因此，近年来学校中普遍提倡在实验教学中加入综合性设计实验，让学生们通过来选定自己感兴趣的题目，查找大量的文献资料，再对多种方案进行比较及筛选，选择一到两种较为完善的设计方案，进行硬件电路的搭建和软件的设计，通过观察和分析，完成整体电路的设计。这种方法确实能够扩展学生的思路和提高学生的动手能力、实验设计能力及学习兴趣，也取得了一定的成绩。但是这种设计性实验也存在着许多弊端，有的题目由于种种原因，根本无法实现。

一、Proteus 简介

Proteus 软件是由英国 Lab Center Electronics 公司开发的 EDA 工具软件。Proteus 软件已有近 20 年的历史，在全球已得到广泛使用。Proteus 软件集成了高级原理布图、混合模式 SPICE 电路仿真、PCB 设计以及自动布线来实现一个完整的电子设计系统。

二、设计理念

本节以 PROTEUS 为平台，设计一套单片机学习系统以达到时代对单片机教学的要求。构造出的全新课题式教学内容体系，把所要教授的各项理论知识和实践技能按由浅入深、够用、现学现用的原则，并结合本节所开发的开放式单片微机综合实验系统，将教学内容分解到一个个具有明确应用目标的实验课题中，通过让学生在规定时间内依次完成这些课题来达到教学目的。同时，在课题的设计和顺序安排上必须注意循序渐进，各部分内容紧密相依，前面的课题应为后面的课题打基础，后面的课题在不断注入新内容和新概念的同时，也应对前面课题提到的知识点进行适当的重复这就是本节进行上述实验系统设计的目的。

（1）实用性。虚拟板必须实现普通 51 板的实验；

（2）开放性。发挥 Proteus 开放自主的设计优势，在模块设计上不仅能满足基础实验的要求，而且能够在各个模块基础上进行开放性的实验；

（3）客观性。不电路设计的客观性，能因为 Proteus 设计的工程不会有任何元器件的损坏而不顾及保证每个元器件都能在额定状态下工作；

（4）趣味性。合理的布局和精心设计的实验项目将给学生耳目一新的感觉；

（5）拓展性。实验系统需具有良好的进行拓展型实验的功能。

由于 Proteus 强大的交互可视功能，本系统的实验相对于一般的实物板功能更强大，实验项目更复杂，实验项目更丰富，且更容易进行开放性实验。该系统主要包括 LED 模块、键盘模块、蜂鸣器模块、LCD 模块、数码管模块、串口模块、ADD 模块。整个实验系统将单片机的 I/O 口控制、计时、中断、串口通信、外部器件扩展等基础实验项目综合起来，设计的实验项目将原本的基础实验互相融合，实验难度有所增加。

第二节　虚拟仿真技术在单片机教学中的应用

随着社会科技的进步与发展，高等院校的教学已经将单片机课程放在重要位置。单片机技术成为工科专业学生必须掌握的基本技术，是学生走向社会需要具备的重要专业技能。

单片机技术会涉及通信、微机接口、编程等多方面知识，是一项软件、硬件相结合的技术。先理论后实践的传统教学方式的教学效果并不乐观，单片机教学需要结合应用型人才的需求，将虚拟仿真技术融入教学的各个环节中，培养学生软硬件设计能力，提高实践能力与创新能力，将抽象的教学内容直观化，进一步改善教学效果。

传统的单片机教学大多采用板书与多媒体课件相结合的手段来进行理论教学，然后通过试验箱进行一些验证性的实验，实践操作与理论知识脱节。在理论教学中，讲解的内容往往比较抽象，课堂实例也不能够检验接口电路的可行性，无法对电路运行的最终结果进行判定，学生缺乏直观的体验与认识，严重影响学生积极性，试验箱的验证也仅是简单地连线便可完成，学生无法了解单片机接口电路的工作原理。

在课堂上，由于硬件设备量大，所以很难进行实际演示，单片机实践环节的要求非常高，而在计算机、电源、试验箱等设备的连接中，一旦出现失误，会导致电路板、仿真接口烧毁，造成一定的损失，导致学生在针对单片机功能进行自主设计时存在一定的局限，学生实际动手机会不多，无法发挥主观能动性，导致学生综合设计能力与创新意识受限。

单片机教学的最终目标在于让学生能够掌握单片机软件编程以及了解单片机内部结构。而现阶段软件与硬件分离的教学方式，学生很难从单片机系统的角度来对单片机软硬件结合技术进行理解，教学中工程实践设计的缺失导致学生丧失了整体设计与协调能力。许多院校在实验设计方面投入有限，无法进行综合性实验操作，严重影响学生对系统设计的整体协调性。

一、虚拟仿真技术的特点

虚拟仿真技术是一种模拟技术，通过虚拟系统来对真实技术进行试验。在单片机教学中，经常会运用到 Proteus 仿真软件对单片机系统进行虚拟仿真。该软件能够对单片机及外围器件进行仿真，实现从概念到产品的仿真设计，能够将电路仿真软件、印刷电路板（Printed Circuit Board，PCB）设计、虚拟模型仿真软件 3 者合为一体。Keil 软件是单片机系统开发软件，能够支持 C 语言及混合编程，是一款兼容 51 系列单片机的开发工具，能够在无硬件情况下进行程序的调试与仿真。运用 Proteus 仿真软件来建立单片机虚拟系统，然后运用 Keil 软件对程序进行调试，通过二者的结合来模拟出单片机系统的运行效果。

二、Proteus 与 Keil 联合仿真

Proteus 与 Keil 的联合仿真，首先，需要在 Keil 环境下安装驱动程序并且建立起相应的项目文件，根据仿真内容来绘制电路图并且编写单片机程序代码，设置 Keil 环境下项目文件的"Target"选项，选择"Debug"方式为"Proteus VSM Simulator"。其次，在 Keil 环境下进行项目文件编译，运行单片机程序。最后，在 Proteus 环境中对运行结果进行观测，一旦结果出现错误，要及时到 Keil 环境中进行修改，直至运行结果正确为止。

三、Proteus 在单片机教学中的应用

学生可以在仿真的环境下，运用 Proteus 虚拟技术，结合任务需求来进行电路设计，对任务的完成不会受到空间与时间的限制，而且不会产生过多成本，为学生的实践操作提供一定自主性，让学生加强对考察内容的思考，通过虚拟技术来提升学生解决问题的能力。在单片机教学过程中，可以通过 Proteus 虚拟技术来对教学内容进行演示，使知识点体现地更加直观，促进学生学习的积极性。教师也可以通过仿真技术来制作教学课件，通过生动的演示，让学生对单片机产生感性认识，通过 Proteus 有助于对概念进行明确，有效解决难点，在单片机教学中会存在大量的重点与难点，例如终端优先级便是比较难掌握的内容。运用 Proteus 进行仿真，学生能够直接参与操作，使显示更加直接，在 Proteus 仿真演示界面中，会对仿真片段进行演示，运用两个按键来控制外中断上溢中断（Interrupt on Overflow，INTO）和 INTI，启动仿真程序之后，数码管会从 0 到 9 反复循环显示，假设在数码管显示 3 时按下低优先级按键，则主程序中断数码管会显示停留在 3，再次启动低优先级中断服务程序，数码管又会从 0 开始运行，假设运行到显示 7 时按下高优先级按键，产生高优先级 INTI 外中断，这时高优先级中断打断低优先级中断，低优先级数码管显示停留在 7，启动高优先级中断服务程序。高优先级数码管从 0 开始运行，直到显示 9 后结束高优先级中断服务程序，返回执行低优先级尚未完成的中断服务程序，结束后再返回执行主程序。在这种虚拟的环境下，单片机技术课程实践教学会变得更加形象、直观，教师与学生能够通过对原理图的虚拟来完成编程，学生可以对单片机应用系统进行设计，提高教学效率与教学效果。

四、单片机教学中虚拟仿真实例

实例要求：运用 AT89C51 单片机的 P1.0 引脚控制单个 LED 的闪烁，通过调整软件参数来调节 LED 闪烁频率。

（一）仿真电路设计

根据电路设计要求，在 Proteus ISIS 编辑区对系统仿真电路进行设计，在进行电路设计时，学生要对单片机的最小系统进行搭建，包括时钟电路、复位电路等。确保系统能够正常运行，然后用 P1.0 引脚外接一个 LED，通过对 P1.0 引脚的输出电平来对 LED 的闪烁进行控制。

（二）编程设计

编程设计需要在 Keil 软件环境下完成，在硬件电路图完成之后，学生会了解高 LED 闪烁是由 P1.0 高低电平来进行控制的，在编程时，可以在 P1.0 引脚电平取反后调用一段延时子程序 delay（uchar n），通过对 n 值的改变来控制 LED 闪烁频率。

该程序首选对系统进行初始化，并给出 n 赋初值，然后根据 P1.0 引脚电平取反使 LED 灯交替亮灭，通过延时子程序保持该状态，当延时时间到时就给 P1.0 引脚取反，以此循环。在 Proteus 环境下，将 Keil 所生成的 .hex 文件加载到单片机上，经过仿真调试来观察在程序运行时 LED 灯的亮灭，通过修改延时子程序中的 n 值，来观察 LED 灯的闪烁变化。

（三）实验总结

学生在进行实践操作之后，要对仿真实验所运用的单片机理论知识及原理进行总结，生成实验报告，在老师的建议与指导下进行优化与完善。

五、虚实结合教学模式

实际电路的布局、搭建与仿真电路是存在一定区别的，不能完全用理论电路图来替代实际电路的布局与接线，训练学生能力的重要途径是提升学生解决问题的能力，硬件电力实训对学生学习识别元器件、焊接训练、接线等都有着重要意义。在硬件电路实训中，如果电路设计成功，学生便能够直观地看到自己的设计成果得以实际运行，能够激发学生的学习兴趣以及提升成就感，促进学生积极主动学习。

针对以上问题进行分析，在单片机教学中，要采用虚实结合的教学手段，既要进行虚拟仿真又要进行硬件电路实训，在实验课程中，要正确引导学生按照产品开发的思路，对产品需求进行分析，然后选择电路元器件，查询外围电路的原理以及功能，对电路框架进行分析，画出电路图进行虚拟仿真，通过硬件平台、软件系统来进行实际操作，最后，对运行结果进行观察并且写出实验报告，通过这些环节能够培养学生认真的学习态度与严谨的学习思路。另外，对理论知识的讲解要由浅入深，将理论教学与实践教学相互穿插，当学生掌握了基本的体系结构以及汇编语言后便可以进行简单的实训，让学生能够及时地看到学习成效。在虚拟结合教学方法中，老师要引导学生对比虚拟仿真与硬件电路实训的差异，分析各自的特点，结合学生的各自兴趣来培养特长，拓宽学生的学习层面，将单片机与相关领域相结合，通过典型的案例将所学知识进行贯通。

单片机属于现代电子技术的新兴领域，单片机的出现促进了电子工业的发展。单片机课程实践性很强，并且运用过程以及内部构造都比较抽象，传统的教学模式很难提高教学质量。在单片机教学中，运用虚拟仿真技术能够让学生与现代信息技术下的硬件与软件系统充分接触，通过仿真技术将抽象的理论知识进行形象化，帮助学生深入理解单片机的结构、原理以及应用。虚拟仿真技术的优点在于不会受到硬件实验资源的限制，学生可以随时随地地进行实践，经过教师的正确指导来完成各类项目任务，从而提升教学效果。

第三节　信息化教学在单片机综合实训中的应用

新时期在单片机课程教学中，应用信息化教学模式，能够使得传统单一化被动学习模式变为主动、探究性与合作式相结合的学习模式，从根本上实现以老师为主导、学生为主体的教学模式。基于此，本节主要论述了单片机综合实训中信息化教学应用相关知识。

当前，人类社会迎来了信息化时代，计算机与网络为核心的现代信息技术发展水平不断提高，并广泛应用于相关领域，教育领域也不例外。作为一线教育老师，重新认识教学过程显得尤为重要。因而单片机综合实训教学中，尝试应用信息化教学技术创造性设计单片机教学活动，充分发挥计算机对教学的辅助功能，将信息化技术与单片机综合实训课程特点融为一体，为学生提供形象、多样及视觉化的教学表现形式，充分展现单片机控制过程与本质，单片机综合实训课堂教学获得事半功倍的效果。

一、单片机综合实训教学现状

（一）实验箱使用方面

传统单片机综合实训教学中，实验箱是很多学校都会用到的设备，且会依照实验箱完成项目例程。一般，单片机综合实训教学中，完成项目时，要接入几根线，将程序调试好后，再进行后期项目任务。由此可以发现，传统单片机综合实训教学模式的实用性有待提高，单片机实训教学要求得不到更好地满足，学生学习效果也就得不到保障，使得学生无法深入了解单片机设计与开发。

（二）万能板使用方面

单片机综合实训教学中，万能板是一种常用工具，利用实训，学生认识电子元器件后，进行元件训练。在此过程中，有很多训练项目，例如元件布线、布局、电路焊接、排除硬件故障与软件编程等，利用这些训练项目学生掌握软硬件练习目标。但传统综合实训教学中，在焊接训练方面，学生耗费时间与精力多，没有充足的时间练习软件编程，单片机综合实训教学整体效果得不到保障。

（三）印制板使用方面

单片机综合实训教学中，印制板应用方面，学生应先在印制板上焊接元件，这一过程学生能深入了解电子元器件，在硬件电路方面学生得不到更好的练习，加大了熟练操作的难度。同时，综合实训教学中，软件编程与硬件故障排除等方面的练习也是十分重要的内容，学生没有正确认识这些练习内容的重要性，直接影响到单片机综合实训教学工作，整体教学效果无从谈起。

二、单片机综合实训课程中信息化教学的实践应用

（一）合理创造情境导入教学

每一新教学项目学习中，老师利用多媒体计算机，为学生创造教学情境，以此激发学生活跃思维，引导学生利用自身认知结构经验，再结合当前所学新知识进行联想，以此在新旧知识间建立相应的联系，并为新知识赋予特殊意义。比如在"单片机控制 12864 液晶显示"内容教学中，老师引导学生观察生活中 12864 液晶显示景象，拍照并展示于课堂上。在此过程中，学生发展其能够显示数字字母，还可显示汉字图形，根据已学单片机控制 1602 液晶显示知识，搜集 12864 与 1602 两类液晶显示的共性与差异，启发学生将现实生活中的现象与问题转为学习对象，紧密联系生活实际问题与学习，围绕单片机，利用单片机知识进行深入思考，并做好解释与阐述，在单片机学习中，偏于学生正确认识所学知识对解决现实问题的帮助，激发学生联想思维，从而全身心投入课堂学习。

（二）借助仿真软件开展定性学习活动

随着时代的进步，仿真技术快速发展，技术水平不断提高，图文并茂、声像并举、灵活形象且直观，是该软件的明显特点。单片机综合实训中，利用 Proteus 仿真软件虚拟实验室开展教学，方便学生完成硬件设计、软件编程与联机调试整个过程。实际教学中，单片机是利用程序编写，各引脚依照人类需求输出高低电平，以此对周边设施器件进行有效控制，而单片机控制技术的逻辑与抽象性是非常严密的。教学中应用 Proteus 仿真软件为学生展示无法通过语言或教具说明的事实，以此引导学生思考各知识点存在的联系，形成新的认知结构。学生利用此仿真技术软件对现实情境进行模拟，并深入了解、应用与交流单片机。老师利用此仿真软件技术即时检测平台，教学信息反馈速度快，对教学策略进行及时调整，教学过程得到优化。比如"单片机控制 12864 液晶显示"内容教学中，基于学生了解此液晶显示引脚功能，老师再引导学生借助此仿真软件为单片机控制 12864 液晶显示构建相应的电路，同时在 keil 软件平台上编写此控制程序，最后再将程序加载到此仿真软件单片机芯片并做好仿真调试，整个学习过程与实际工程相似，学生能够掌握实际问题的整个解决过程。此仿真软件中硬件设备与测量仪器仪表比较多，利用此仿真软件平台，学生便可自由探索当前学习环境。比如单片机教学中，十字路口红绿灯、温度控制及电机正反转等控制场景，对于学习能力高的学生的可结合自身兴趣爱好，借助该仿真软件合理选择相应的学习任务，进行"自助餐式"单片机学习，为单片机控制构建个性化系统。在实际教学中应用该仿真软件，能够有效激发学生各类感官参与，调动学生学习探究欲望，提高学习兴趣，获得更好的学习效果。

（三）利用实验操作开发板进行实操性学习

单片机综合实训教学中，为了锻炼学生实战能力，在进行仿真后，使用实验操作开发板。作为一种单面板，其由薄纤板支撑，用于元件焊接与 PCB 电路，元件焊接面绘制原理图，便于学生更好地了解电路知识。为了满足系统多样化扩展需求，单片机综合实验开发板具有小系统板特点，并设置了 LED 显示屏，电机驱动板、GPS 模块与八键按键板等，以此学生根据电子系统多样化设计要求，整合各模块，并将重要元器件焊接起来，自行进行扩展与调试，再配合应用程序及 ISP 下载软件，成功完成电子产品的开发与设计，能更好地实现理实结合教学目标。

（四）学生分组进行讨论，展开协作学习

课堂学习中，利用各类工具与信息资源，学生进行小组讨论与协商，对新知识建构进行逐步完善与深化，在此种协作学习氛围下，从整体上实现学生群体思维与智慧的共享，即整个学习群体协作完成建构所学知识意义，这一过程也是对学生所学知识的一种巩固练习、深入理解与逐步提升的过程。比如在"单片机控制 12864 液晶显示"内容教学中，在"单片机控制 12864 静态显示"内容学习基础上，参考已学"24 小时单片机控制 12864 液晶动态显示"项目，利用小组讨论，学生亲身实践，尝试完成此学习任务。在整个教学过程中，老师发挥辅助性指导作用，对学生行为进行多鼓励与肯定，将传统单一化接受学习变为自主、探究与合作化学习模式，从根本上实现老师主导、学生为主体的双边教学目标。

（五）亲自实践做好论证

作为一门电子学科专业课程，单片机综合教学本质是自动化控制电子电气产品的过程。此种情况下，借助 Proteus 仿真软件展开虚拟实验，为电路给出了定性说明。为了全面提高学生综合素养，在实际教学中，实施动手实践论证是十分必要的。比如在"单片机控制 12864 液晶显示"内容教学中，老师引导学生结合已调试成的仿真电路，自行制作电路板、电路元件购买与焊接、芯片烧写及调试，以此完整单片机整个控制系统。这一动手实践过程，便于学生深入了解整个单片机控制系统。

（六）进行目标测试进行意义建构

意义建构主要将所学知识基本概念、原理、方法与过程视为所学知识主题，为学生合理设计可供选择的针对性的意义建构，其能够充分反映基本概念与原理，同时还可满足学生不同强化练习要求，利用强化练习纠正原有错误与片面认识，最终确保意义建构符合实际要求。比如在"单片机控制 12864 液晶显示"内容教学中，老师为学生编写了"12864 液晶"相关芯片引脚功能表、初始化控制程序与关键字含义表、静态控制程序仿写、动态控制程序内容填空练习等，以此为"单片机控制 12864 液晶显示"项目教学目标的成功实现，奠定良好的基础。

综上所述，随着时代的进步，信息化技术水平不断提高，在单片机综合实训教学中，应用信息化教学模式，学生通过自主学习与合作探究，全面提高了学生工程基础知识、自身能力、人际团队能力及工程系统能力。为了满足职业院校教学要求与学生职业发展特点，信息化教学模式的应用，能够突出教学实施与运作环节，加强理实联系，实现做中教与做中学的目标，从根本上全面提高教学效果，为社会发展培养更多的优秀人才。

第四节 六步教学法在单片机教学中的应用

六步教学法，也称为六步学习法，即"资讯、计划、决策、实施、检查、评估"6步，是德国双元制教学模式的一种，在德国得到广泛应用，是提高学生实践技能的一种很好的方法。这种方法类似于项目教学，首先根据项目要求搜集项目资料，根据项目信息制订出项目实施计划，根据计划遴选出比较合适优秀的项目，接着按照项目计划逐步实施执行，最后检查该项目实际执行的成果，对项目实际执行情况做出评价，便于以后开展下一个环节的项目提供参考。随着中德两国的交流越来越频繁，中国的职业院校和德资企业开展了深度校企合作，德国的双元制教学模式中的六步教学法得到推广应用，其核心内容是在课堂教学中以学生为主角，教师在教学中起到引导、解惑和主持人的作用，把课堂主要时间还给学生，六步教学法，有利于培养学生的动手能力、团结协作和创新精神。《单片机技术》是一门理论性和实践性很强的专业课程。本来这门课比较难，有的内容比较抽象，教师一味地满堂灌，学生只能被动地接受知识，容易产生"学不会、不会学、厌学"等现象，为了解决这一问题，本节引入六步教学法，选用典型项目，以学生为主体，激发学生的学习兴趣，提高教学效果。

一、六步教学法基本概况

六步教学法，内容包含资讯信息、制定计划、做出决策、项目实施、项目检查和成果评价6部分。六步教学法是行动导向教学的主要过程，项目导向型教学是以"项目导向驱动"为主要形式，课堂实际教学过程中学生是主角，教师是配角，起引导作用，注重对学生分析问题和解决问题能力的培养，从完成某一方面的"任务"着手，通过引导学生完成"任务"，从而实现教学目标。理论指导实践，实践中得到的经验结果可以提炼成理性认识，反过来又指导实践，从而形成六步教学法的完整过程。它与传统教学模式有很大的不同，具体表现为：

教学目的不同：传统的教学主要看学生的理论成绩，而六步教学法注重学生的实践能力，培养学生综合素质，更好地适应企事业单位对人才的要求。

教学内容不同：传统的教学是一门一门的学，比较单一，各自联系不怎么强，学生学着忘着，教学质量差，而六步教学法主要是项目实践教学，设置一个典型的项目，运用多门课程知识，跨越多学科，综合性很强，知识联系性很强，教学效果较好。

教学组织形式不同：不是教师为中心，学生被动学习，是以学生为中心，教师指导下自主学习。

教师作用不同：传统的教学教师起到主角作用，而六步教学法中教师只是配角起到引导作用。

所以，六步教学法的优势是明显的，下面具体描述六步教学法步骤：

第一阶段，资讯阶段，也是搜集信息阶段。根据教学目标，教师设置项目任务，学生接收详细任务单，双方签字。学生根据任务单做好准备工作，学生可以根据教师提供的物品资料挑选合适的物品。对于不明白的可以引导学生利用自己的智能手机进行搜素资料信息。

智能手机在中国普及率很高，特别是在高职院校中学生几乎每人1部，在课堂上学生玩手机现象也普遍，不能一味地责备，要疏导，为了解决这一现象，教师教学中要引导学生，让学生的手机参与课堂教学中，其中六步教学法就能很好地和课堂结合，在搜集信息时就要用智能手机设备，学生遇到问题也可以用手机上网搜索。把学生的注意力引导到教学过程中，激发学生的学习兴趣，教学效果得到了提高。

第二阶段，计划阶段，就是制定计划。根据教师下达的项目课题，教师指导学生制定项目实施计划，制定计划的时候，学生可以单独制定也可以小组一块讨论制定。项目计划要符合教师的要求，要进行可行性分析，以便更好地完成项目；要团结协作，充分讨论，集思广益，最终做出科学、正确的项目实施计划。

第三阶段，决策阶段，也就是选出最优项目。根据学生上交的项目实施计划和评价标准，教师引导学生在各小组之间讨论。让学生决定出1个最优解决方案，写出解决途径，作为下一步项目实施方案使用。

第四阶段，实施阶段，也就是项目执行实施阶段。根据学生提交的项目实施方案逐步实施，小组分工，该领材料的领材料，该组装的组装，该调试的调试等等，按照评价标准完成各项内容，组长协调指导，教师旁观做好各项服务。

第五阶段，检查阶段。根据学生上交的项目成品，按照项目标准要求逐一对照检查，对于不符合要求的返回重新制作，对于不足的加以补充，教师做好各项记录，作为下一阶段的评价使用。

第六阶段，评价阶段。根据学生上交的项目成品，让学生各个小组之间相互评价，指出各自项目成果的优缺点，然后教师发表总结式评价。

不仅缺乏具有乡村旅游开发经验的专业人才，也缺少葫芦雕刻工艺方面的大师级人物，且雕刻艺人多为中老年人，存在较为严重的人才断层现象。

二、六步法在单片机教学中开展过程

第一阶段，资讯阶段：教师给学生下达工作任务，如基于单片机交通灯的控制系统设计。学生通过查找书本资料及上网查询。教师可以引导学生收集单片机的最小系统的电路，因为掌握了单片机的最小系统电路，对于复杂的电路可以进行扩展；收集各类单片机的芯片资料，特别是典型的单片机芯片资料，为下一步的挑选环节做准备；收集相关元器件的原理和应用实例资料，为下一步的设计提供资源。

第二阶段，计划阶段：根据教师对项目的要求，小组成员要独立设计出交通灯的控制系统项目计划，包括项目进度计划表、所需工具和设备清单。小组根据收集的资料设计交通灯的控制系统，在设计中写出设计思路和计划实施方案。

第三阶段，决策阶段：决策阶段分组内决策和小组间决策。因为学生的观点不同，掌握单片机知识层次不一样，设计出来的方案也不同，首先小组内部成员各自讲述自己的方案优势和可行性，然后进行充分辩论，最终选出交通灯控制系统项目最佳方案。

第四阶段，实施阶段：交通灯控制系统按照一定实训阶段环节完成。首先学生根据项目方案绘制电路图纸，接着制作电路线路板，然后安装焊接，下一步程序编程，接着程序固化通电检验，最后通电调试等。在这个阶段中教师只能引导不能替代学生制作，有问题了教师可以指导示范，在操作中教师和学生要注意安全，安全第一，操作要规范，按照工厂企业的行业标准执行，要养成良好的习惯，更好地适应社会。也要做好各项记录，为评价做准备。

第五阶段，检查阶段：交通灯控制系统设计出成品后，小组内部要检查，通电前的检查包括元件的布局是否合理，电路板的焊接是否符合要求等等。一切没有问题了，再进行通电检测，检查交通灯的各种控制功能是否正常，检查控制操作与显示部分是否正常等等。

第六阶段，评价阶段：交通灯控制系统电路成品要放到专门的展示架上，让全班学生或者聘请相关教师对作品进行评价。评价要根据评价标准进行，不能随意进行，对于好的地方要发扬肯定，对于不足的要整改。经过评价后，学生对交通灯控制系统电路制作实践过程中要总结经验教训，经验要提升到理论性知识上，要客观不能主观，从而实现实践上升理论，理论反过来指导实践的良性循环中去。

总之，在单片机课程的教学中，采用六步教学法，使学生从被动学习到主动参与，在参与中学习单片机软件编程和硬件安装，这一方法优于传统教学模式，极大地提高了课堂教学质量，取得了较好的效果。六步教学法不仅提高了教学效果，而且也培养了学生团结协作能力、交际能力、动手能力、心理承受能力等等，能够很好地培养学生的综合素质，这样学生才能更好地适应社会发展。

第五节　实践教学在单片机课程中的应用

一、概况

《单片机原理及应用》作为工科专业的一门重要课程，涉及电路设计、电路板制作和程序编写调试诸方面，各部分内容相互独立又相互影响，内容生动丰富且充满挑战。因此需把理论与实训有机地联系起来。而在现实的教学中，教师多只重视原理讲授导致学生兴趣不足，动手能力差。

二、改革的内容和方法

（一）激发并培养学生兴趣

电类专业的学生，思维活跃，对会亮的、会动和会响的实际例子感兴趣。所以在上课时采用"避障小车"的例子来吸引学生，使学生知道单片机控制在现代工程中具有重要作用，提高学生兴趣。当激发学生兴趣后，最好的方法就是将这种兴趣转化为成功的喜悦。

第一步就是让学生自己制作一个单片机最小系统控制 LED 灯循环。在此过程中，暴露出很多学生不会使用烙铁，电线多而且杂乱无章，而这些问题只能通过实践才能暴露出来。对此，让学生能够有一段时间练习焊接，之后再制作电路板。就能轻松地焊接好电路板。然后要求编写含有多种循环程序。很多学生编写单独运行的程序时均能正常进行，但是几种程序放到一起就会出错。其原因是学生对于如何将多种循环方式放到一起进行控制的语句使用错误。经过反复修改，变换使用各种语句，最终编写出自己的程序，而不再是以往照着课本上照抄程序。经过训练，学生的逻辑思维明显提高，严谨性显著改善。

（二）锻炼学生学以致用

第二步要提高训练的难度。让学生制作灯展来锻炼学生复杂系统的控制能力。要求学生制作模型并装上 LED 灯装饰。在设计之初，很多学生都只考虑模型的样式，忽略了怎么装饰 LED 灯，致使模型制作完后不能安装 LED 灯，只能再次设计。在装饰过程中，采用了 220V 市电进行供电，而单片机却需要用 5V 的电源，这就要设计将 220V 的电源转换为 5V 直流电的电源转换电路。而在上课过程中一般只考虑控制单个 LED 灯的情况，不需要电压转换，也不需要设计电源。由于 LED 灯的数量较多，走线麻烦。但在实际的家用设备却很难看到走线，这就要求能够设计好走线。同时要根据 LED 灯的管电压和可承受的电流，考虑电阻阻值和功率，而在设计过程中有些学生因为没考虑到功率问题而造成电阻烧掉。这些在课本中都是一些公式，而学生要将公式用到实际电路中。

（三）提高学生综合应用设计能力

第三步让学生利用自己所学知识，设计一个综合项目。文章采用设计温室大棚仿真的实际电路来进行说明。首先，作为控制电路，学生普遍采用高电平控制。而单片机上电瞬间为高电平，造成一定的问题。同时，在采用继电器进行控制时选用的继电器是 12V 的，但是单片机电路却是 5V 供电，出现电压不匹配问题。其次，在绘制电路板时，由于制作单面电路板，所以出现了布线走不通的情况。对此，学生根据元器件高低的情况，使较低、封装较小的元件放置在大元件下方的方法。在实际教学中，很少出现改变元器件封装来满足设计要求的，更不会出现元器件封装放置在另一个元器件封装上边的情况。最后学生绘制程序流程图，编写程序，进行实际焊接调试。但总的电路设计后，在测试过程出现了继电器控制过程电磁干扰现象，液晶屏会出现显示消失的情况。鉴于此情况，采用双电源共地供电方式才解决了此问题，最终制作出温室大棚系统。

（四）以全国大学生电子设计竞赛带动学习

全国大学生电子设计竞赛是由教育部和工业和信息化部共同发起的大学生学科竞赛之一。竞赛的特点是与高等学校相关专业的课程体系和课程内容改革紧密结合，以推动其课程教学，课程改革和实验室建设。我院采用了 STM32 单片机对滚球进行控制，通过克服在控制过程中小球怎么定位，舵机怎么控制以及怎么同步，怎样进行运算等等问题的解决，最终取得的河南省一等奖的结果。同时，通过本次比赛，明白了与其他学校的差距，也学到了很多课堂上学不到的内容。

学生在实践过程中遇到电阻功率、电磁干扰等问题，虽然理论课均有所提及，但真正理解和掌握却需要在实践中进行。本研究根据实践教学过程，结合全国大学生电子设计竞赛来推动学生学习。经过一段时间的摸索实践，在教学过程中取得了一定的效果，学生能够自主学习并设计电路，并完成了多个学校的创新创业项目，在比赛中也取得了较好的名次，同时也提高了学生学习的积极性。

第六节　分层教学法在单片机课程教学中的应用

单片机是一门抽象性、实践性较强的课程，运用分层教学法，能做到因材施教并有效提高教学质量，缩短理论知识与实践之间的距离。阐述了分层教学法的重要意义，分析了目前单片机课程教学中存在的突出问题，围绕分层教学法在单片机课程教学中的具体运用进行了探讨。

近年来，伴随着微电子技术的迅速崛起，单片机凭借体积小巧、控制能力强、价格低廉等优势，在过程控制、家用电器、仪器仪表等领域得到了较为广泛的应用，因此，高校将单片机课程列为电子电气类专业的重点课程。对于高职学生来说，他们的基础较为薄弱，逻辑思维能力不强，在学习该课程过程中，难免会遇到重重障碍，编程、外围电路设计、内部资源应用等，都成为难以突破的难点，尤其是设计电子装置，更向学生的知识与能力发起了挑战。怎样在有限的教学时间内使学生更好地掌握这门技术，一直深深地困扰着教师。在教学过程中，一定要考虑到学生的差异化特征，立足于各个岗位对单片机原理与应用的具体要求，采用"分层教学、个性评价"的方法，以期提高教学质量。

一、分层教学法的基本内涵

（一）分层教学的提出

分层教学法的理论依据古已有之，如，"量体裁衣""因材施教"等，许多西方学者也提出了相类似的理论，如"可接受教学""掌握学习理论"等，这些教学理论存在着异曲同工之妙，就是要根据学生的个人能力，采用不同的方法开展教学活动，使各个层次的学生都能得到发展。不可否认，由于学生的遗传基因、成长环境、兴趣爱好等不尽相同，他们的综合素质与能力也存在着明显差异，教师要以客观公正的态度看待学生的这一差异，根据各个层次学生的实际情况，灵活安排教学策略，以分层教学来促进学生的成长。众所周知，由于学生的能力差异，日后会从事不同的工作，在这种情况下实施分层教学，既可以彰显出因材施教的优越性，也符合时代发展的要求。分层教学法的实施，对教师综合能力提出了较高的要求，要对班上学生的情况了如指掌，将他们划分成不同的层次，有针对性地确定教学内容与策略，在增加课堂容量的同时，也能培养学生的鲜明个性。

（二）实施分层教学法的意义

在实施分层教学过程中，根据不同层次学生的实际情况，分层备课、分类指导，为学生量身打造适合他们的学习方式，有效提高学生的课堂参与热情，使所有学生都能体验到学有所成的乐趣。教师在备课过程中，要吃透教材，挖掘出蕴含于其中的知识点，为学生设计不同的练习，对各个层次学生在学习中可能会出现的问题进行预测，制定出应对措施，彻底消除对学生的智力歧视，使学生感受到来自老师的尊重与理解，能提高教学的目的性与针对性，有效增加课堂容量。从教师成长角度来说，分层教学的工作量要远远超出传统教学，可以使教师的组织调控能力、应变能力得到锻炼，真正实现教学相长。

二、单片机课程教学现状分析

随着教学理念和教学方法的不断改进，高职《单片机原理与应用》课程现状教学质量取得了明显的提升。但是，结合目前的课程教学可知，依然存在如下问题：

（一）学生基础参差不齐，教学难以同步

《单片机原理与应用》是一门综合性较强的课程，除了基本的硬件知识以外，还涉及编程、外围电路设计等内容，向学生的知识应用能力、实践操作能力发起了挑战。受到诸多因素的影响，在前期的专业学习过程中，同一个班级的学生就已经出现了知识能力分层的现象，有些学生夯实了基础，也有些学生基础较差。在这样的情况下，传统"一刀切"的教学显然无法满足所有学生的学习需求，尖子生认为老师讲授的内容过于简单，在课堂上无所事事，而差生则跟不上老师的节奏，学习热情被逐渐吞噬。

（二）课堂教学氛围过分拘谨，课堂教学效率不高

教育改革背景下，《单片机原理与应用》课程教学改革正在逐步推进，教学效果也得到了一定程度的提升。但是，从目前大学课堂教学的开展情况来看，普遍存在教学氛围较为拘谨，教学内容难以调动起学生学习兴趣，课堂教学氛围过分轻松或过分严肃的情况普遍存在，学生提不起兴趣，教师的热情也消失殆尽，教学事倍功半。

（三）教学方法较为单一，教学效果难以突破

从现阶段情况来看，与电子专业相关学科引起了学校的高度重视对课程教学方法改革给予了高度重视。同时，教师为了提高教学效率，教师们从教学方法与流程上加以改进，教学也存在着一定的共性，将已经验证好的程序直接呈现给学生，学生并不需要对项目进行审查，只需要照单抓药，按部就班地编译程序即可。在这样的教学模式下，教案仿佛成为一只看不见的手，牵引、支配着教师与学生，整个教学过程平淡无味，学生不需要进行思考，压抑了他们的思想情感，动手与思维能力培养无从提起，更谈不上锐意进取、创新突破了。

三、分层教学法在单片机教学中的应用策略

（一）结合学生个体特征，合理进行学生分层

分层教学要求教师对班上每一个学生的个性特征、综合能力等产生足够的了解，在此基础上，才能提高分层的有效性。在具体操作过程中，可以先通过咨询其他学科教师、填写问卷、谈话等方式，从智力水平、学习习惯、综合能力、基础知识等方面来了解学生的情况，在此基础上，将他们划分成 ABC 三个层次，按惯例做法，三个层次学生人数比例应该控制到 2：5：3。由于目前中职教育都采用大班制教学，每个层次的学生人数较多，可以将他们划分成若干小组，每个小组的人数保持在 4 ~ 6 人。

（二）尊重学生实际情况，合理进行教学目标分层

对于分层教学来说，目标分层是最关键的一环，在备课过程中，教师一定要深入解读

教材，挖掘出蕴含于其中的知识点，根据三个层次学生的实际情况，制定出难易适中的教学目标。具体而言，对于 A 层次的学生，应该让他们学会分析与评价，能将多门学科知识融合到一起，具备解决问题的综合能力；对于 B 层次的学生，要培养他们的实践应用能力，使他们能将学到的理论知识用于具体问题当中；对于 C 层次的学生，要帮他们夯实基础，使他们牢固掌握概念性知识，为日后深入学习做好准备。在正式踏上讲台之前，教师要通过多种途径将教学内容提前告知学生，提高听讲的针对性。

（三）遵循分层指导的原则，合理开展教学过程

在单片机教学过程中，要想提高分层教学的实效性，就要将更多的精力用于教学方法的选择上，但无论选择哪种教学方法，都要遵循"循序渐进、深入浅出、分层指导"的原则。将各个层次的学生划分成学习小组，从中挑选出责任心重、自制能力强的学生，让他们担任组长，引进小组竞争机制，既能在班上形成力争上游的学习氛围，也能充分发挥出学生的互相监督作用。同时，教师也要向学生介绍学习目标，为他们的预习与复习提供辅助。同时，在教学过程中，要灵活安排各个环节的教学时间，逐层推进，满足学生的多元化学习需求。

（四）结合学生的掌握情况，分层开展实践训练活动

在课堂教学过程中，学生会呈现出好、中、差三个层次，这种层次差异是客观存在的，学生们也心领神会。课堂教学结束后，教师要根据学生在课堂上的表现，为不同层次的学生设计练习，并对他们进行辅导。练习不在乎"量"，而在于"质"，要紧扣教材，针对各个层次学生的具体情况，设计梯度不一、难易适中的练习。通过这种方式，使 A 层的学生得到拓展的机会，使 B 层的学生能在新旧知识之间建立起联系，使 C 层的学生掌握基本知识与技能，使各个层次的学生都能体会到成功的喜悦。

（五）遵循定时、定人、定内容的原则，针对性进行学生辅导

在同一个班级里，全体学生不可能同时达到教师预定的标准，应该正视学生间的差异，通过各种方法让学生能最大限度地得到发展。辅导是课堂教学的有益补充，要通过分层辅导来培养学生的多种能力。分层辅导可以遵循"三定原则"，即定时、定人、定内容。定时，就是指把握住辅导的时机，为学生答疑解惑；定人，就是根据特定学生的具体情况为他们进行辅导；定内容，就是要准确把握住各个层次学生学习的薄弱环节，对其进行点拨与引导。在对学生进行辅导的过程中，要把难点讲深讲透，把问题展开，鼓励学生从不同角度思考问题，找到最适合自己的学习方法。尤其是对于 C 层的学生来说，他们学习压力大，在强烈自尊心的驱使下，不愿意主动向其他同学和老师请教，这就需要教师对他们进行引导，与其一起分析问题，将复杂的问题简单化，使他们从迷惘中走出来，逐渐建立起信心。同时，也要充分发挥出学习小组的力量，在小组成员的共同努力下，不让一个同学掉队。在辅导过程中，要多向学生投去赞赏与肯定的目光，少对他们进行批评，引导学生客观公

正地意识到自己存在的问题，在师生互动过程中，加深对知识的理解。

（六）充分利用作业和测试分层，有效反馈学生的掌握情况

首先，要注重阶段性的作业分层。作业是教学活动的重要环节，能帮助学生巩固消化课堂中所学到的知识，教师也可以从学生的作业完成情况了解课堂教学效果，找出学生学习中的薄弱环节，有针对性地调整教学策略，改善教学方法。传统教学活动中，教师常常会为所有学生布置同样的作业，对于好学生来说，轻而易举就能完成作业，而其他学生就像一头被强行拖着走的牛，把作业当成沉重的负担。因此，教师要遵循"上不封顶、下要保底"的原则，分层设计作业。为 A 类学生设计难度较高的开放性、探索性作业，拓宽他们的知识面、提高他们的思维能力；为 B 类学生设计中等难度的作业，缩短知识与实践之间的距离；为 C 类学生设计难度较低的作业，帮他们夯实基础，为下一步学习做好准备。

教师要承认学生的差异，也要保护学生的学习热情，三个层次学生的作业内容不同、难易程度不同，但只要学生能在规定时间内保质保量地完成作业，都应该得到肯定，使所有学生都能产生"能做、会做、想做"的感觉，在原有的基础上得到提高。通过这种方式，使所有学生都能积极地思考、自觉地学习、轻松地完成作业。同时，也要容许学生出错，要从学生的错误中找出原因，有针对性地对学生进行辅导，培养学生的信心，使他们逐渐迈向成功。

其次，要注重测试的分层。从学生成长的角度出发，测试只是一个向前迈进的门槛，分数并不能代表一切，关键要通过测试启迪思维、发现问题。单片机课程测试主要包括两方面内容：一是基础知识与技能，二是综合性问题与创新意识。在日常教学中，三个层次学生的学习内容、练习、作业等均存在着一定的差异，也应该将分层理念引入测试当中。教师应该根据三个层次学生的具体情况，为他们设计难度梯度不同的练习与试卷，在检验学生学习情况的同时，达到查漏补缺的目的。在具体操作过程中，学生成绩主要包括三大板块的内容，即平日成绩、项目作业成绩、期末成绩，三者比例为 3：3：4。平日成绩主要是指学生的课堂参与度、学习习惯、团队意识、操作能力等；项目作业成绩是指学生在具体项目中的表现，如技术创新意识、电路设计与制作、编写程序等。此外，在具体的试卷设计过程中，也需要教师深入解读教材与教学大纲，把握住知识点与重难点，精心设计不同难度的试卷，对不同层次的学生安排相应的试卷，检验其学习情况，衡量学生是否夯实了基础知识，判断学生的实践应用能力是否得到提高。

总之，人与人之间的差异是客观存在的，他们都有着自己的个性、爱好与学习需求。分层教学法是一种人性化教学方法，顺应了人本主义教育思潮的发展方向，将分层教学引入高职单片机课程当中，更能体现出面向全体、因材施教的教学原则，对于提高学生的单片机应用与创新能力来说，都具有极其深远的意义。

第七节　混合式教学模式在单片机课程中的应用

随着"互联网＋教育"模式的发展，MOOC（Massive open online course）已经在全球教育领域开展。在国内，随着教育部政策推动，出现了爱课程、学堂在线等一系列MOOC平台，促进了在线教育进入新的阶段。2018年教育部在关于狠抓新时代全国高等学校本科教育工作会议中提出，淘汰低阶性、陈旧性、不用心的水课，打造高阶性、创新性、挑战度的金课。这里的金课包括线上金课、线下金课、线上线下混合式金课、虚拟仿真金课、社会实践金课。

几年内国家和地方实行双万计划，线上资源的制作投入了大量的人力物力财力资源，在线资源呈现爆发式增长，如果在线资源不能被更多的学习者使用，将造成前期投入的极大浪费，也不能改善国内教育资源不均衡的现状。因此，将线上资源与线下课堂有机融合的混合式教育是下一阶段教育发展的必然模式。

混合式教学是迎合时代变化对传统教学进行的改革，是利用互联网的优势资源的同时，将传统课堂的体验感、互动性、思维碰撞完整地保留下来的新方法、新策略、新模式。混合式教学既强调教师引导、启发、监控教学过程的主导型，又注重学生作为学习过程主体的主动性、积极性和创造性。要做好混合式教学的建设，必须将线上资源的发挥和线下课堂的管理有效地融合起来。对于单片机原理及应用这一类工科应用型课程，利用混合式教学模式，可以达到较好的教学效果。

一、线上资源的学习行为分析

单片机课程的MOOC资源有别于传统课堂视频录制，除了融入动画、视频、字幕等信息化资源，通过大数据可以获取在线学习的学生行为数据，同时还能分析学生的学习规律，跟踪和分析资源使用效果，从而对教学手段和方法进行监督和改进创新。

所有MOOC的学习者，其资源学习情况、练习完成情况、交流讨论情况会以数据的形式保存在计算机服务器中。通过精确跟踪学生的学习进度，可以总结学生的自学规律，全面分析学习规律。

（一）MOOC视频观看中的大数据分析

学生在观看视频时，视频的快进点通常表示信息量较少或者无关紧要处。而视频后退点或反复观看点，往往表示知识的疑惑点或者重难点。通过统计该类信息，教师可以了解如何改进MOOC中的教学内容，对无关紧要处进行比较的删减，对疑点和重难点加强讲解和练习。从而对学生的初始学习情况可以进行宏观把握。

（二）MOOC 练习互动中的大数据分析

在练习题反馈信息中，学生的错误率、易错题、难题，数据统计可以直接对应到相应知识点的掌握程度，这类数据可以引导教师通过线下指导完善教学中的疏漏。同时在论坛讨论区，学生提出的疑问和回答问题的思路，反映了思维的拓展。可以利用线下翻转课堂、项目式教学或者案例式教学的形式展开讨论、深入挖掘。

（三）MOOC 综合监督统计

MOOC 上线后，需要监督学生综合进度概览，如开课分析，学习分析，教学分析等。每一周的学习人数统计反映了学校对在线学习的干预情况，学习者参与教学互动行为的统计反映了学生对知识点的热情度与兴趣。学生学习 MOOC 的平均学习时长，时间段学习人数占比，反映出学生学习 MOOC 的黄金时间。线上资源的监督指导着教学改进创新。通过在线资源的使用和分析，可以了解学生学习水平、知识掌握程度，教师可以及时调整课堂内容，精确掌握学生的兴趣点和疑难点，在线下课堂上答疑解惑，并有针对性地开展学习活动，帮助学生掌握知识，深度学习，拓展思维。

二、线下课堂中的互动教学模式

单片机原理及应用课程是一门实践性较强的课程。通过在线下课堂中使用互动教学模式，将项目式教学方法贯穿在课堂中，在课堂中完成教学的起承转合，能够激发学生的学习兴趣，并将理论知识与实践能力融会贯通。

（一）课程导入：唤起学生的兴趣与热情

单片机 MOOC 中可以穿插丰富的视频素材，将现代化信息化生活中的各种单片机应用展现在学生面前，从春晚上的跳舞机器人到家家户户使用的洗衣机，从工厂里的数控机床到天上航拍的无人机，无一不是单片机的设计与应用。通过视频素材进行课程导入，可以吸引学生关注并积极参与课堂教学，唤起学生的学习兴趣与注意力，连接已经学过或者未来要学的内容。

（二）教学目标：让学生掌握明确的学习目标

在单片机教学的过程当中，教师需要将教学大纲的要求传达给学生，让学生学有所获。教学目标不仅包括专业理论知识、专业实践技能，还包括情感方面的态度、价值、信念、情绪、口头表达能力和团队合作能力。同时，教学目标还包括学生的认知历程，从记忆理解到分析应用，再到评估创造。因此可以把教学目标分为知识目标、能力目标、情感目标三大类。

（三）互动学习：因材施教的个性化教育

互动教学模式可以改变传统的教师主讲的形式。在利用了 MOOC 资源后，学生对知识有了一定程度的了解后，课堂可以通过师生互动、生生互动、非单向面授等形式完成。课程内容的组织可以利用项目式教学，以一个项目为切入点，在师生互动时，可以采用课堂随时提问、讲授中停顿思考、提出问题进行讨论等方式。在生生互动时，可以采用个人报告、小组讨论、头脑风暴、个案研究、情景模拟、实验操作等方法。互动环节中包括提问、分组、测验、评价、反馈等。提问应涉及知识记忆性问题、理解描述性问题、分析推理性问题、统整创造性问题等。分组汇报可以促进合作学习。测验包括前测、后测、小考。

（四）教学总结：摘要回顾、延伸学习

教学总结要进一步强调教学目标、内容复习，同时鼓励学生对教学进行反馈，教师可以对总结延伸至后续内容预告。学生自我总结学习收获，分享学习心得。

第八节　物联网技术在单片机教学改革中的应用

随着社会的不断进步与发展，物联网技术在一定范围之内获得了很大的发展，并且发展速度越来越快，技术的提高直接带动着应用的发展。单片机在整个的物联网技术系统中是作为基本的也是最为重要的技术，经济科技的迅猛发展直接决定了传统的单片机教学模式不适应时代发展的需求，为了能够更好地提高单片机教学的质量以及效率，在教学的过程中可以将物联网技术引用进来。本节主要对物联网技术在单片机教学过程中的应用以及可行性进行简要的分析，研究其的优缺点等等。

进入 21 世纪以来，网络技术得到了迅猛的发展。随着网络技术的发展，物联网技术也得到了发展，并且其的应用范围逐渐增强，在很多行业的发展中占据了非常重要的位置。物联网技术的发展以及产业化脚步的加快，对相关专业人才的需求量不断地增加，为了培养有关的专业型人才，很多的高校都开设了有关的专业课程。在高等学校中，单片机是应用最为广泛的嵌入式系统，单片机技术也是整个物联网技术的最为重要的技术。在高校的课程开设中，单片机应该在高校的物联网技术有关的专业课程中占据核心地位。但是，根据有关的数据显示，在我国的很多高校中，对于单片机的教学只是局限于在 51 系列的单片机上，在整体教学的方式以及教学的内容上不能与现代教育的需求相适应。在这种情况下，为了能够更好地进行单片机教学的改革，需要将物联网技术与单片机教学相结合，不断地提高教学质量，培养新型的技术人才。

一、物联网概念及物联网技术基础

物联网，通俗来讲就是物与物相互连接的智能型互联网，其是根据物体利用智能化感应装置或者是通过网络的传输将信息传送到指定的信息处理中心，这样就能够更好地实现人与物之间，物与物之间的信息交互以及自动化的信息处理。物联网技术的应用范围广泛，

并且在使用的时候非常的简单、便捷。根据现在的数据显示，物联网技术的发展速度是十分可观的，按照有关的发展速度来讲，在未来的几十年之内，物联网技术的应用范围会更加的广泛，其业务的范围会比现在的互联网业务多很多，其发展潜力是十分巨大的。我国虽然是一个发展中国家，但是我国的物联网的发展时间还是比较长的，并且与其他的发达国家相比存在着一定的技术上的以及标准化下的优势。随身技术的发展，物联网技术的重要性逐渐体现出来，为了能够更好地维持我国在物联网技术上的优势，需要加大对其的研发力度，将其列为经济科技的发展重点。

物联网技术是以嵌入式系统为基础的，其进行信息传递的主要途径是无线通信，信息处理的核心是微处理器。对于物联网的网络来讲，其是有层次的，其最底层的是感知层，整个感知层采用单片机，嵌入式系统以及传感器等实现其信息感知。

二、传统的单片机教学过程中存在的问题

传统的单片机教学过程中存在的问题主要包括以下几个部分：

（一）教学的主要内容是以理论教学为主，教学质量差

现如今，在高校进行的单片机嵌入式的教学过程中，一般都是以理论教学为主，实践为辅。整体的教学方式是以老师为主的理论性知识讲解过程，但是这样的教学方式存在着一定的问题，教材上的理论知识难度比较大，并且整个的授课过程会让学生感到无聊，乏味，缺乏一定的学习热情，并且理论性的知识具有一定的抽象性，这样会使整个教学质量变差。

（二）实践环境与应用相脱节

实践性的教学环节主要是通过仿真实验来进行。在进行单片机外围硬件电路的仿真实验的时候，其整个的仿真过程是比较简单的，只需要电脑，相关软件就可以，比如说 keil 等等。有些高校也会使用一些设备来进行时间教学，但是设备是比较落后的，与当前市场上有关的应用是不相适应的。这样的现象就导致了学生对于该方面知识的认识不深，仅仅知道一些简单的，表面的东西。这样的实践教学方式与实际应用相脱节，不能够培养与市场需求相适应的人才。

三、物联网技术在单片机教学改革中应用的必要性

随着物联网技术的不断发展，物联网产业化的时代已经到来，物联网教学涉及的软、硬件知识及其相关课程分为基础课程、核心课程和实践教学中的应用开发。很多课程都是已经开设的课程，包括现代通信、传感器、网络、单片机与嵌入式等基础课程。这是单片机教学改革可行的基础，不需要对现有的课程体系做较大的调整。核心课程中，单片机应选择以 MSC-51 为内核心无线 soc 单片机。这样可以将传统的单片机教学顺延、加强，也能与物联网技术的应用联系在一起。为了能够更好地适应时代对于人才的需求，单片机教

学的改革势在必行。单片机教学的内容，教学的方式，教学的课程设置都需要进行一定的改革。

四、物联网技术在单片机教学改革中的应用

在物联网产业化的时代，对于单片机教学改革来讲，其教学的重点就是要将单片机与无线通信紧紧地联系在一起。在如今单片机的市场上有很多新型接口，新型模块的单片机。对单片机教学的改革主要是从以下几个方面来进行。

（1）在进行改革的过程中，首先需要了解整个教学过程中的基础环节以及基础知识（基础环节—联网系统的应用，基础知识—互联网络，无线通信，信息数据的采集以及传送）。在教学的过程中，选用的单片机为无线 soc 单片机，在进行一些基本知识的讲解过程中需要与实例相结合，这样就能够很好地提高学生的学习兴趣与热情。

（2）在对传统的理论教学方式的改革过程中，需要做到的就是将理论教学与实例教学相融合，在教学的过程中为了激发学生的自主能动性以及竞争意识，教师可以在课堂上创建一定的情境，给每个小组布置有关的任务，整个课堂主要以完成任务为终极目标。但是在设置任务的过程中，任务需要合理，要以物联网技术的应用为背景，任务设置中应该要到数据采集，传送等等这些最基础的知识点，通过任务的完成，学生可以不断地巩固基础知识。比如说在进行 SPI 接口教学的过程中，为了能够让学生更好地了解接口工作的原理，以及使用方式，可以通过实例以及理论相结合来进行教学；在进行无线通信部分的教学过程中，可以减少理论性的知识讲解，增加应用上的讲解，这样学生对这一方面的内容会有直观的认识以及了解。

（3）在进行基础实验内容的教学同时增加物联网技术相关的单片机内容，选择支持 ZigBee 的无线 SOPC 单片机，例如 TY ZIGBEE 实验箱，他采用支持内核为 C8051 的 CC2430/CC2431。础实验就是为了让学生动手掌握有关单片机的基础编程方法，以及各个片内接口的使用，整个的编程过程使用的是 C 语言，实验包括简单的 I/O 实验，中断实验，定时器实验，双机串行通信实验等等，在此基础上掌握物联网技术的实验内容包括单片机 CC2430 的基础硬件实验、网络协议实验和综合试验几个部分，具体是 ADC 实验、温度测量、UART 实验和射频点对点通信等基础硬件实验；TI-ZStack、软件架构、应用层、网络层以及寻址路由等网络协议实验；综合试验可以根据硬件条件选择温度场传感实验、物联网灯开关控制实验。

（4）物联网技术现在单片机教学改革中。对于课程设计的来讲，教师可以向学生介绍物联网在交通管理中的应用来吸引学生的兴趣，支持、引导、鼓励学生进行编程，实现物联网在交通管理中的基础功能，利用物联网中的传感器、RFID 或者是无线传感网络等相关技术来实现对红绿灯时间的控制，汽车数量的统计，汽车速度的测定等等。在实现基本的功能需求的基础上，鼓励学生根据实际的情况进行创新性的设计，使整个的设计更加

完善、具体，满足人们的需求。通过这样的教学方式，不仅仅能够吸引学生的学习兴趣，增强学生的实际动手能力，还能够提高学生的创新能力以及创新意识。

现如今，物联网技术已经得到了很大的发展，我们也进入了物联网的时代。为了能够培养社会需要的人才，加强学生对于物联网技术的认识，需要进行单片机教学的改革。本节主要对物联网技术在单片机教学改革中的应用做简要介绍，希望读者对其有一定的了解。

第九节　项目教学在单片机课程中的应用

专业院校对于单片机的教学，因为受到课程改革的影响而发生了变化，一改传统的教师讲授学生听讲的单一教学现状，运用项目教学法，使"教学合一"，教师在与学生的互动上以及学生对知识的应用能力上，都有了长远的进步。单片机教学技术在课程教学中的具体应用中，教师要注意具体实验设计，并完善评价系统，使电子技术专业的学生更好地掌握这门技术。

单片机技术是一项比较高深的技术，也是电子技术专业的学生所必须掌握的一门技术。对本专业的学生在日后电子产品的调试、维修、助理设计等岗位服务上也有着十分重要的意义，可以说，是一项专业性和实用性都比较强的学科。要求学生不仅要掌握单片机的接口应用基本技能，还应该具有实际工程应用能力。也正是因为其难度大、应用性强的特点，导致学生在学习的时候会产生很多的问题。另外，教学方式单一、教学形式流于表面，也影响学生的学习状态。基于此，教师对现阶段单片机项目教学中存在的问题以及该如何去解决此类问题做一个系统的总结。

一、什么是项目教学法

项目教学法"诞生"的初衷就是做到广大教师心之所向的"教学合一"，在教育过程中不断地为经济社会的发展提供源源不断的高素质人才为宗旨，以教学活动作为教学方式的形式和载体，让学生在切身行动中学会对知识点的应用，从而使之能够不断地对自己所学习的知识进行深化和应用，让自己能够在不断的活动中找到对知识理解应用的方法。

而为了解决学生对单片机技术学习上产生的困难和效率低下的问题，必须要进行教学方式的改革。打破了"传统教学＋课程设计"的教学模式所采用的"教学合一"的教学模式，抛弃了所谓的"填鸭式"教学方法转而采用项目推动的教学方式，既是对传统教学方式的一种打破，又是对新的教学方式的一种有效尝试。

二、在项目教学的课程设计上应该注意的问题

首先要做到的就是，要通过学生身边的例子来进行知识的讲解，所使用的案例最好都

取材于学生身边所能接触的具体事物，通过这样的方式才能让学生在一个更加熟悉的环境中寻找到学习新知识的方法。

其次，案例与课本内容相契合。这是很重要的一点，案例教学法在案列的选择上要紧扣教材知识，在课时数量有限的情况下，教师应该做到紧紧地联系课本的主干知识，而像是拓展类实验，在学生有时间的情况下，可以让学生尝试着做一做，教师并进行详细的讲解。

三、单片机教学技术在课程教学中的具体应用

根据单片机技术的课程目标教学内容以及教学特点等，以恰当、实用、渐进为原则设计课程教学项目。教师在教学实践中按照课程目标把单片机技术原理进行解构，设计出以下项目。

（一）具体实验设计

1. 广告灯设计

广告灯设计制作的项目要求：①用 KeilC51、Proteus、EASY 等软件作开发工具；②用 AT89C51 单片机作控制；③以 8 位发光二极管作显示；④广告灯轮流闪烁时间为 0.2 秒；⑤增加 1-2 中显示模式。

项目任务：①拟定总体设计制作方案；②设计硬件电路；③编制软件流程图及设计源程序；④仿真调试；⑤安装元件，制作广告灯，调试功能指标；⑥完成项目报告。

项目任务：①拟订整体的设计方案；②独立完成对其电路的设计；③独立编写其软件的整体流程示意图以及编写其源代码；④独立进行仿真测定；⑤安装电子元件，自行制作简易的广告灯，对项目的功能指标进行调试；⑥独立完成项目实验报告。

内容：①单片机内部的结构；②单片机的存储器；③单片机的IO口；④单片机的引脚及工作状态；⑤单片机指令系统；⑥简单汇编程序设计；⑦工具软件的使用。

2. 电压表的设计

项目要求：①用KeilC51、Proteus、EASY 等软件作开发工具；②用AT89C51 单片机作控制，通过ADC0809 来当AD 的转换器；③多位数码管作为其显示装置；④具有测量0-5V 的直流电压；⑤延伸：增加超负荷现象的指示功能以及自动对其电量进行指示处理功能。

项目任务：①拟订整体的设计方案；②独立完成对其电路的设计；③独立编写其软件的整体流程示意图以及编写其源代码；④独立进行仿真测定；⑤安装电子元件，自行制作简易的电压表，对项目的功能指标进行调试；⑥独立完成项目实验报告。

3. 信号源的设计

项目要求：①用 KeilC51、Proteus、EASY 等软件作开发工具；②用 AT89C51 单片机作控制，通过 ADC0809 来当 AD 的转换器；③能通过多只按键对按键进行操作；④能够

通过按键放射信号源；⑤能够调节信号频率和信号的稳定程度。

项目任务：①拟订整体的设计方案；②独立完成对其电路的设计；③独立编写其软件的整体流程示意图以及编写其源代码；④独立进行仿真测定；⑤安装电子元件，自行制作简易的信号源，对项目的功能指标进行调试；⑥独立完成项目实验报告。

（二）完善评价系统

以往大部分都是教师口头交代任务之后交由学生自己进行操作，然后让学生通过自己做实验的方式来撰写报告。在这种方式下学生自己写自己的，很容易导致学生偷懒，通过抄写网上资料的方式来应付差事。而新型评价系统的建立是以小组合作为前提进行共同撰写。基于此种方式来给学生建立正确的评价，能够有效保证学生确实是按照自己的想法进行总结。

综上所述，项目教学确实是现阶段学生在学习单片机技术上的一种比较合适的方法，对教师来说，应该加深对项目教学的理解，做到更好地通过项目教学的方式来帮助学生学习。

第十节　对分课堂在大学单片机原理教学中的应用

单片机被广泛应用在自动控制、机电一体化系统等领域，是高等院校电子信息、电气工程、机械工程等专业学生需要掌握的重要的专业课程。

一、单片机原理对分课堂的必要性

单片机教学不仅涉及模拟电子、数字电子技术等电子硬件知识，而且涉及汇编语言、C语言等软件编程。在授课过程中多以教师讲解为主，但这也造成学生学习积极性低、师生互动少、课堂气氛沉闷等问题，学生普遍认为这门课程难以掌握，因此必须对传统的教学方式进行改革。牛晓玲根据实际教学经验，提出从注重学生能力培养、注重学生的主体地位、注重实践性等方面出发，对单片机教学提出改革建议。孙雷提出了单片机课程中基于SPOC的课堂翻转教学设计模式。

复旦大学张学新教授融合讲授式课堂与讨论式课堂的优点，提出了"对分课堂"教学法。对分课堂的核心理念是将课堂时间的一半由教师讲授，另一半则交给学生进行讨论交流。为了保证讨论的效果，要确保讲授时间与讨论时间分隔开来，保证在教师授课之后学生就有足够的时间进行自主学习，理解巩固所学知识，实现个性化的内化吸收。对分课堂使授课教师由知识的"讲授者"转向课堂的"引导者"，最大程度激发了学生的学习热情，有效改善了师生互动、增进了生生交流，完美实现了课堂主动权由教师到学生的转换。

一些高校老师将对分课堂应用于日常教学中，充分调动了学生学习的积极性，与传统教学方式相比，取得了良好的教学效果。因此，笔者也将对分课堂引入到大学单片机原理教学中来，实现提高学生学习能力和提升教学效果的目的。

（一）单片机原理对分课堂的具体实施

对分课堂主要从教师讲授、课堂讨论、学生课后学习三个核心环节以及考核方式着手。

1. 教师讲授

作者对上海理工大学 2015 级生物医学工程专业一个教学班级的《单片机原理》课程开展对分教学，该班共有学生 40 人。课程共计 16 个教学周，每周 2 个学时，共计 90 分钟，讲师讲授在每周的约占 45 分钟。讲授课程共计 7 章。对分课堂的讲授的原则是精讲留白。所谓精讲是在讲授过程中给出框架，指出重点难点所在，而具体的内容交给学生自学。讲课素材的来源既要符合大纲的要求、能在课堂学时内实施，又能够结合实际，即工程上的具体应用。可以从本专业相关的一些项目中进行提炼，例如康复机器人的控制、牵引床用单片机如何控制等。还应结合单片机教材的知识体系，按循序渐进和知识点贯穿的思路设计每节课的讲义。留白是指在重难点的一些地方以点拨为主，让学生在思考和感悟中得出答案。在留白之前应该做好充分的铺垫，让学生能够顺其自然的得到结论。

2. 课堂讨论

课堂讨论是对分课堂中的关键环节，讨论部分由组内交流、组间交流和教师点评环节构成。根据学生人数，将学生划分讨论小组，小组长轮流担任。在组内交流环节，由各小组讨论老师确定的主题，组内讨论大约控制在 20 分钟左右。由小组长监督讨论过程。组间交流则采用每个小组推选 1 名代表发言的方式进行，待所有组代表发言完毕，鼓励学生针对他人发言进行交流、讨论甚至辩论。组间交流时遵循"亮、考、帮"的原则，亮即亮闪闪，列出学习中感受最深、受益最大的内容；考即考考你，列出自动懂了，但是觉得别人可能存在困惑的地方；帮即帮帮我，列出自己不懂的问题，讨论时求助别人。组间讨论的时间大约控制在 15 分钟。之后进行教师抽查、展示、点评优秀作业及读书笔记（5 分钟），教师对大家普遍反映的难点问题进行解答，对讨论的情况进行概括总结（5 分钟）。

3. 学生课后学习

学生利用课下时间内化吸收教师前一节课讲授的内容，完成作业。同时在课下自行阅读老师推荐的文献资料，并做读书笔记，分析思考讨论题的答案。作业及读书笔记于下次课前提交。

4. 考核办法

在单片机原理教学中采用对分课堂教学的目的是让学生从被动学习变为主动学习，从而提高教学效果。考核的方式应注重平时的表现。可以按照平时 70%+ 期末考试 30% 的比例实施。平时成绩比例如下：考勤和学习态度 10%、课后学习 30%、讨论 30%。课后的学习包括读书笔记和作业情况，讨论的成绩主要包括课堂发言、讨论等的情况。

二、单片机原理对分课堂的总结

结合大学单片机原理课程特点，在教学过程中采用对分课堂教学模式，将课堂时间一半交由教师讲授，一半交由学生讨论交流，既调动了学生自主学习的积极性，提高了教学的效果，最后通过合理的成绩评价办法来保障教改的实施成效。

第十一节　模块化设计在单片机实践教学中的应用

"单片机原理及应用"是电类专业的专业基础课。在该门课程的教学中，实践教学环节占有十分重要的地位，但由于实验课时有限，实验装置、实验手段固定，从而禁锢了学生思维；导致学生在面对综合设计时无从下手，更不用说提供完整的系统方案。

我校在多年的单片机教学实践过程中，发现采用模块化的设计方法，可让学生在掌握单片机基本技能外，还可提高动手能力，进而提高学习积极性。

一、模块化的单片机教学

任何电路系统都可以分解为多个具有独立功能的小模块，按照这样的思路，可使复杂电路分解，使编程简单化。学生通过对各个模块的学习，掌握其原理及编程控制方法，根据需要，再将不同功能模块组成一个具有完整功能的应用系统。依据学生认知规律，我们将单片机实践教学分为硬件模块化和软件模块化。

模块化的单片机教学中，要求建立开放的实验室环境，教师引导学生在自己电脑上安装 Proteus、Keil 等仿真软件，选用具有 ISP 程序下载功能的单片机。学生可在课后进行仿真调试，来弥补实验课时的不足。

二、硬件模块化

（一）硬件模块化设计思路

单片机应用系统一般由 CPU 系统、存储器、各种输入输出接口组成，且随着应用系统功能的不同，呈现多样性的特点。硬件模块化是将一个应用系统拆成几个独立但又可相互连接的模块，学生在学完这些模块后，将其组建成其他应用项目。这就是模块化设计在单片机实践教学中的总体思路。

以这样的设计思想为基础，在实践教学中，学生潜移默化的收集各种硬件功能电路，分析其原理、特性及使用方法，将系统化整为零，用以充实自己的硬件模块库，通过积累，学生在面对复杂的电路设计时不会感到无从下手，依据系统要求，选择满足要求的功能模块电路，组合成单片机应用系统，合零为整，完成硬件系统设计。

（二）硬件模块化的实践模式

通常单片机实践课程是按照实践教材顺序，但这种软硬件分离的方式使学生无法深入了解单片机硬件知识，随后的指令学习更是让学生苦不堪言。因此我校采用模块化教学方式，按照学生的认知规律来划分模块。

通过对基本模块的学习，学生了解了单片机的基本结构，而每一个模块又配以具体的应用题目进行扩展练习，这样理实一体、循序渐进的教学能将单片机技术实实在在地展现在学生面前，使学生感到生动、有趣。

三、软件模块化

（一）软件模块化设计思路

从"单片机原理及应用"课程实验和课程设计存在的问题可以发现，学生规范化及标准化素养普遍欠缺。几个突出点包括：编写程序杂乱无章，影响编程质量和进度；程序命名不规范、缺少注释、程序可移植性差，加大了程序调试的难度。

对于单片机软件模块化设计，就是将程序划分为若干功能明确、具有独立性的子程序去编写。通过定义好各个子程序之间的输入、输出关系，通过自顶向下的程序设计使得软件接口简单，结构清晰、也使得各个子程序相对独立、功能单一，避免程序开发的重复劳动，且易于维护、程序移植和功能扩充。

（二）软件模块化的实践模式

对于初学单片机的学生，因为代码量小，程序往往都放进 main（ ）.c 函数文件。但是随着单片机要完成的功能的增加，将所有代码都放进一个 .c 文件中会使得程序结构混乱。虽然可以运行，但是可读性和可移植性差。

模块化的软件设计就是自顶向下地将一个复杂的程序划分为若干功能明确并具有一定独立性的模块化程序文件，最后进行有机整合。一个硬件模块对应一个软件模块，每个软件模块需编写其对应的 .c 文件（硬件模块的驱动程序）和 .h 文件（接口描述说明书）。其中 .c 文件包含了实现该功能模块的函数代码，.h 文件描述了模块对外界提供的接口变量、接口函数、宏定义及一些结构体信息。模块化程序设计理念有益于培养学生良好的编程风格。

本节以 DS18B20 数字温度传感器程序为例说明：通过头文件 DS18B20_drive.h 声明并定义延时函数 Delay_ms（ ）、18B20 写数据函数 Write18B20（ ）、读 18B20 两字节数据函数 Read18B20（ ）、温度采集函数 GetTemp（ ）和将读出的温度数据拆分为整数和小数部分，并转为 ASIC 码函数 DataCovt（ ），编写 DS18B20 应用程序时，直接在应用程序文件中加：#include ＜ DS18B20_drive.h＞预处理命令进行调用即可，主程序通过调用数字温度传感器 DS18B20 软件和数码管显示软件提供的功能函数和数据，来实现环境温度的实时测量显示。

　　模块化设计使学生在实践活动中可自由选择搭建电路、设计程序，同时不断扩充积累硬件模块库，软件程序库，调试和动手能力也全面提高。在近年指导学生毕业设计和电子设计竞赛的培训中，逐步采用模块化设计方法，极大地调动了学生动手的积极性，我校学生也多次获得省级以上奖项。学生通过掌握模块化设计思想，能有效培养他们自主学习能力，提高创新精神。

第十二节　创客教育在单片机教学中的应用

　　创客教育在单片机教学过程中的一个很重要的运用是鼓励学生通过自主探究的方式进行自主学习。通过创客教育，学生可以实现从教材内容的被动接受者到知识的灵活运用以及创作的主动者的转变。从单片机教学和创客教育以及网络信息多媒体结合的角度提出建议，抒发体会。

　　在单片机教学过程中，创客教育作为一种新型教育模式，主要指的是教师将互联网上的各种创意运用到具体的科学课堂教学实践中，鼓励学生通过创造与制作的方式学习科学知识。学生通过创客教育，能够从单片机课程的学习者转变为知识的创造者与运用者，可以锻炼他们的实践操作能力，以此提升单片机教学效果。

一、创客教育在单片机教学中的教学理念

　　（1）将创意转变为实物。创客指的是将一些特殊的创意付诸具体行动中，并不是仅仅停留在想象层面。从单片机教学课堂的教学特点来说，教师可以组织学生以小组为学习单位，完成那些特殊的教学活动，学习能够看得见的科学知识，由文本过渡到具体的实践中。

　　（2）在实践中学习。在单片机教学中运用创客教育模式，强调学生边实践边学习，在学习过程中遇到什么问题就解决问题。而科学课程内容的学习需要理论与实践有机结合，不可分离，教师可通过创客中的任务促使学生不断学习和探究科学知识。

　　（3）持续分享。在单片机教学中运用创客教学模式，教师需要引导学生不断分享学习成果，互相分析、讨论和研究，将建构主义分享式学习理念运用到课堂教学中，引导学生敢说、敢写和敢做，循序渐进地进行学习，开展小组与班级分享学习活动。

二、创客教育在单片机教学中的具体运用

（一）创客教育与学生学习方式的结合

创客教育在单片机教学中的应用带来的效果是显著的，它不仅能够培养学生的自主创新以及动手实践能力，而且可以让学生在学习过程中不断呈现实践成果，使学生充分体会到学习的乐趣。

（二）创客教育与教师教学方式的有机结合

在单片机教学过程中，随着创客教育与网络信息技术运用的不断深入，教师运用的教学模式与方法能够从学生的个性差异与学习需求出发，使教学体系更加智能化。单片机课程的教师应通过多个渠道搜集网络上有用的教学资源，然后对这些资源进行分类、加工并且整理，制定出有效的、便于学生学习专业知识的方法，并且满足他们能够协同合作来完成动手实践操作的需求，努力让学生将各种创新思维运用到实践中。与此同时，教师需要转变教学理念、教学方法和教学思路，善于运用实践探究的教学模式。

（三）创客教育与单片机教学内容的结合

科学探究是科学研究过程的本质特征，具有重要的教育价值以及重大的教育意义。在单片机的课堂教学中，教师是引导者，目的在于抛砖引玉，指导学生积极主动研究问题，亲历科学探究的过程并且享受过程中的乐趣，有利于激发学生的好奇心并且调动学生主动学习的积极性。科技更新日新月异，信息资源庞大，信息技术所提供的资源远超书本里仅有的那些知识，为学生的实践探究活动带来了很大的帮助，特别是在专业实践知识方面，学生不仅增强了主动动手的实践能力，而且开阔了视野，提高了科学素养。

（四）创客教育与小组合作学习的结合

在新课程改革实施的背景下，小组合作学习的主要特点是团结合作、互相尊重、相互帮助，这也成为教师和学生都很喜欢的方式。创意教育也在积极推进学生之间相互学习，并且分享自己的学习成果与学习乐趣。人机交互学习将成为未来教育的发展趋势。在学习单片机课程时，除了了解单片机的基本知识外，还进行了扩展：进行拆卸、改进和单片机制作等活动。首先，让学生设计自己的修改程序。这一组学生需要通过相互讨论和合作来了解共同的任务，并配合最好的解决方案。一些拆卸的机器、零件等，其数量要进行详细记录，并最终根据他们的计划，重新安装组合。

一些团体在老师的带领下，对教学软件进行设计。在此过程中，学生的逻辑思维得到了培养，程序设计不断改进，以便更优化。综合运用 C 语言、模拟电路以及数字电路中的相关知识得出一个新的结论，学以致用，应用到创作中。创新教育带来的变化是显著的，它不仅改变了学生的被动学习方式，而且也在一定程度上改变了学生的学习圈子。由原先

同专业、同年级的学生相互探讨问题、交流学习经验，转变成了不同的专业甚至不同年级段的学生也可以一起相互学习和探讨，共同创造更好的东西。

以上从四个方面介绍了创客教育、信息技术和单片机教学的结合形式，其中一个很重要的目的是改变传统的教育方式，弥补传统教育模式的不足之处，转变教师的教学思维，从而促进学生的学习和成长。

第十三节　多种教学模式在单片机教学中的应用

针对单片机课程抽象、不易理解而导致学生难学，教师难教的问题，采用"项目引领、任务驱动""理论教学、实验教学、仿真教学有机融合"以及"教、学、做一体化"等多种教学模式，极大地提高了学生的积极性和创造性，教学效果提升明显。

随着信息技术的发展，单片机技术在仪表、光机电设备、自动检测、信息处理、家电等方面得到广泛应用和迅速发展，几乎涵盖所有电子产品。因此，单片机课程也成为很多机电类专业开设的一门实用性强、技术更新快，并且将电子技术与计算机技术紧密结合、硬件与软件相联系的专业主干基础课程，也是一些专业的核心课程。

一、单一教学模式已不适合单片机教学

传统的单片机教学是先理论后实践，按照单片机的结构体系来授课，使初学者感觉这门课抽象难懂，面宽点多，致使学生学得很吃力，渐渐地便对单片机学习失去了兴趣。因此，针对一些院校培养应用型人才的教育目标，在教学方法上进行改革，打破传统的单一教学模式，引入项目教学法、任务驱动教学法、实物演示教学法等，通过对具体任务的学习串联起单片机教学的主要内容，在实现工作任务的同时也完成了理论教学与实践技能的培养。

二、通过项目引领、任务驱动增强学生的学习兴趣

每个项目均基于工作过程，采用"由简单到复杂""模块化""自成体系"的设计思路，又细分为几个设计任务进行讲解。考虑到学生的接受能力，使每个工作任务所涉及的新知识点适度，学生在教师的指导和帮助下，完全有能力完成这些任务，并在实施任务的过程中逐步掌握相关知识点和技能。

在具体任务内容的选取上以够用为原则，适当简化单片机理论的难度和深度。每次教学均围绕一个任务目标进行各教学环节的组织，任务中用到什么知识点和技能点就讲解什么知识点和技能点，用到多少就讲多少，在哪里用就在哪里讲。

三、将"理论教学、实验教学、仿真教学"有机融合

紧跟现代信息技术发展，将 Keil 和 Proteus 既作为课程内容又作为教学手段融入教学过程中。在此基础上，改革实践性教学设计方式：学生实验以课堂教学任务为对象，用 Proteus 软件绘制出仿真电路图，用 keil 软件输入程序并编译程序，然后通过对程序和电路进行仿真调试运行；最后在实验室进行真实的电路搭建和程序的调试运行。整个过程和工程实际开发完全一致。将传统的"先理论讲授，后实验验证"的教学方式变为借助多媒体"边讲解理论，边演示实验"的教学方式，将理论与实践有机的融合起来。

四、采用"教、学、做"一体化的新型课程教学模式

通过让学生在"做中学，学中做"，从而轻松、高效地掌握单片机的使用技巧。由于 Proteus 仿真软件的灵活性、易用性和强大功能，使学生的学习活动变得有趣和生动，从而极大地激发了学生的学习兴趣和主动性，教学效率会有质的提高。

综上，单片机虽然是一门令学生感到较难学习的课程，不光要掌握其硬件电路的设计，还要编写相应的工作程序，并且要联合调试。不过，只要我们灵活运用"项目引领、任务驱动""理论教学、实验教学、仿真教学有机融合"以及"教、学、做一体化"等多种教学模式，加之利用"互联网＋"的思维模式构建立体化的教学环境，就一定会让学生想学、爱学、易学并且学懂这门课程的。

第十四节　逆向教学设计法在"单片机原理及应用"教学中的应用

近年来，工程教育的理念在我国迅速发展起来，我国成为《华盛顿协议》正式的成员国之一，这意味着我国工程教育与国际接轨，将按照国际化标准培养未来工程人才。《华盛顿协议》对毕业生明确提出了十二条毕业要求，十二条毕业要求一方面聚焦毕业生对工程知识掌握能力，要求毕业生能综合应用知识解决实际工程复杂问题，另一方面要求学生具备多学科交叉的背景下团队协作、多元沟通等软实力。目前部分高校通过教学改革，提高学生专业技术知识水平的同时，重视学生的沟通能力、团队协作能力和其他软实力的培育，但总体来讲我国工程教育还是处于发展的探索阶段。本研究遵循工程教育的以成果为导向、以学生的中心的理念，在"单片机原理与应用"课程教学中，以项目为载体，采用逆向教学设计法，从教学目标，教学方法和教学评价三个方面进行了完整的教学过程设计，为工程教育理念在课程教学中如何实现提供一定的经验。

一、逆向教学的理论框架

逆向教学法是成果为导向的工程教育思想的重要体现，该理论立足明确教学目标，根据教学的既定目标，综合考虑学生的背景知识水平来设计教学活动。课堂教学受时域条件和空间的制约，必须有明确的教学目标。在该课程教学改革中以项目为载体，根据项目式教学的原则，精心设计教学过程，在有限的课程教学时间内，将教学目标融入项目的各个环节，细化阶段性目标，逆向设计教学过程，并选择合适的评价手段，引导学生动态学习过程，达到学习目标。"单片机原理及应用"课程是电子类专业的一门重要的专业课程，具有应用性强、实践性强的特点，本研究在项目教学方法中融入工程实践知识，逆向设计了教学过程，为工程教育实践提供一种教学设计思路。

二、"单片机原理及应用"教学中存在的问题

传统的单片机教学课程，理论化过强，一般都是架构性讲述单片机理论和汇编指令等，知识的组织思路是以单片机知识体系为主线展开的，强调单片机知识体系自身的完整性和逻辑关系；实验教学多是以习题化小实验为主，工程背景实验少，很难和实际项目开发衔接起来。理论教学没有从学生接受知识的视角去考虑，课程内容抽象而琐碎，学生学的"囫囵吞枣"；另一方面单片机的学习需要软件支持，学生在第一学年学习的C语言及汇编语言遗忘无几，实验课实践中处处碰壁，只能对着单片机这个"黑匣子"发呆，无法完成课程的硬软件匹配运行需求。综合提升的课程设计部分题目简单，对知识的深度和广度要求不足，学生以往都是仿真一下，没有具体设计电路，学生思考和动手的程度都在认知的初级阶段，没有融入创新和自我综合能力提升的训练。

三、项目式教学实践——以"单片机原理及应用"为例

"单片机原理及应用"项目式教学从教学目标、教学活动组织和教学考核三个方面进行教学活动的设计，详细教学设计，课程教学目标由知识获取、个人能力构建和人格塑造三个维度组成。课程教学核心目标是培养学生对工程问题的认知能力、工程项目的解析能力，最终能综合多元因素创造性解决工程问题。学生在难度梯度化的教学项目的研学中尝试分析问题，思辨知识，总结规律，获取知识，逐步实现多知识点的融合，达到技术能力教学目标的建设；通过与团队成员的沟通交流，不断提升自身的逻辑思维能力和沟通表达的水平，完成个人能力建设；塑造积极主动、乐观自信、团结协作的人格。

根据课程的教学设计，本课程建立了进程性考核机制和阶段性书面考试考核机制相结合的双重考核机制，评价主体由学生组员、任课教师、课程组教师共同组成。阶段性书面考试考核由课题组教师根据课程教学大纲的要求统一出题，任课教师组织期中考试和期末

考试，评价成绩主要由卷面成绩决定，进程性考核主要由平时考勤、实验评价和课程设计评价三部分组成，平时考勤主要由任课教师根据学生的到课、上课情况打分获得，实验评价和课程设计评价由任课教师、课题组老师和学生共同完成。

教师对实验的考核分为两个方面：一方面是任课教师对实验过程中学生的参与度，小组讨论中的发言表现、贡献程度的评价；另一方面教师根据学生实验项目设计思路、设计创意效果、报告的完成水平和可行性程度等多个角度给出评价。学生对其他组学生的实验实践项目的评价是通过听取其他组成员讲述设计思路，观看作品展示效果、听取汇报总结和互动提问等过程进行打分评价，旨在相互学习，不断完善设计思路，改进项目设计。课程组教师主要是对课程设计方案的合理性和作品制作水平进行评价，考核课程设计的实物完成程度、设计报告的书写规范程度和 PPT 汇报讲解中的表现等，通过此过程学生和多位教师接触，从多角度获得建议和指导。各部分的比例关系为考试成绩占整体成绩的 50%，实验考核和课程设计成绩占 50%。这种考核机制加大学习进程的考核力度，动态跟踪学生学习全过程，体现学生的成长过程，促使学生重视日常学习、稳步成长。

（一）理论教学的特色设计

为了让学生提升单片机应用的直观感知，"单片机原理及应用"课程全部在实验室授课，理论课程采用先演示项目，再展开理论讲述的模式授课。

1. 以项目实例为单元，理论与工程应用相结合

理论教学内容由多个独立的项目组成，以技术实践为主线，每个项目的讲解由软件编程思想、相关实用电路设计基础和单片机理论三部分组成，打破传统单片机原理架构讲述的思路，通过独立项目的讲解，理论联系实践，教授学生单片机设计的方法和原理。例如在讲述输入设备按键知识时，首先演示一个按键控制的数码管计数器，计数器的值可以从 0 到 F 递增，让学生直观看到按键对数码管的控制效果。由实验引入该小系统硬件电路设计思想，在电路的硬件设计的讲解中融入单片机按键的原理知识，针对硬件讲解软件编程思想。以项目开发的思路讲述小系统的设计过程，使得电路设计思想、单片机理论及软件编程的方法在应用中实现多知识点融合，形成跨课程知识衔接。在分解项目过程中获取知识，为学生实践做好理论知识框架搭建，进而通过实验验证实践理论，获取的理论反哺指导实验实践，提升实验创新水平，吸引学生去"动手实践"，去"举一反三"，获得愉悦的成就感，最终达到掌握单片机技术的目的。

2. 问题导入型学习方法

通过实验开发板课堂演示的方法，先展现直观鲜活的应用实例，为学生提供一个情景环境。例如点阵的学习中，演示的是一颗动态移动的心型图形，引起学生的好奇心，由这个情景环境产生需要解决的技术问题—怎样控制点阵显示，待解决的问题成为学生思维的刺激物，让学生在好奇心的驱动下渴望探求单片机的知识，再逐步解释演示实例中每个知

识点的原理，这样有的放矢地去讲解，效果事半功倍，学生在好奇心的驱动下，实验课带着问题去尝试性展开实践，使用自己能想到的各种方法，不断探究问题，反复钻研，直到"柳暗花明又一村"地解决问题，领会课堂理论知识。

3. 关注行业动态

关注行业发展动态，讲解当前的行业动态和技术前沿；让学生感知前沿、跟踪行业发展趋势，同时讲述工程师对公共安全的伦理和专业责任；工程活动对经济、文化、环境和持续发展的影响等。在教学中融入"复杂工程问题"能力培养的任务，学生使能够全面思考在以后实际工作中遇到的问题，具备解决复杂工程问题的知识，提高解决复杂工程问题的能力，达到能力综合提升的效果，成为技术知识和软实力同时具备的工程应用型人才。

4. 重点关注实用技术

"单片机原理及应用"课程知识组织的原则是把常用知识重点分析讲解，不太常用的知识简略讲述，已经过时的技术或者极少用到的知识一提带过。例如定时器的四种工作方式，工作方式0已经淘汰，就简单提一下，工作方式3很少用到，就略讲，重点放在定时器工作方式1和2的讲解上。多讲跟实际开发有关的内容，提高课程内容的精华度。

5. 多元化教学资源建设

将平面化的纸质教学资源多样化，创建由视频资料、课件资料、QQ论坛、口袋实验板构成的完备学习生态系统。学生可以从网上下载丰富的课程资料，课堂时间没有吃透的知识，课外通过自己研究获取，搭建优质的学习资源环境。同时建立QQ论坛、微信交流群，方便学生讨论问题，同时也可以给老师留言，老师可以及时解决学生在学习过程中遇到的问题。

（二）实验教学的创新

1. 教学模式的创新

目前实验课每次两个学时，不具备深入研学来自工程实践综合性实验的时空条件，必须引导学生学习模式，将实验课程教学任务延伸到课外去完成，实验课堂主要完成学生实验展现、实验交流后的改进提升。具体做法是将课程建设和实验室开放制度相结合，创建具有西藏生源特色的以开放服务为导向的课程实验运行模式，实现软件（实验预习引导库、课程教学视频库、微课视频库、课程课件库、电路仿真案例、常用硬软件模块库等）和硬件（实验板、仪器、工具）的全方位开放。将每次实验设计成实验预习引导作业，提出实验预期目的，将实验所用的口袋实验板发给学生，实验室建立开放制度，学生根据自己时间灵活安排做实验时间。在实验预习引导下，学生根据实验项目要求，带着问题去探索实验过程、选择实验方法，助教课外定期去辅导学生，加强过程引导，帮助学生解决在实验中遇到了难题，实验课堂主要是验收实验成果并登记打分，迫使学生重视实验课程，积极思考，认真完成实验课程内容。开放式实验课模式为学生自我探究，创新研学提供了开架式实践环境，形成课外常态实践运行模式和课堂定时运行模式良好交替的实验课程教学形式。

2. 实物化的课程设计

单片机实验我校学生之前都是在开发板上完成的，学生在已有的硬件条件下，设计完成某特定任务的软件驱动程序的编写。这种模式下学生缺少自己设计小系统的机会，硬件电路的设计能力欠缺。改进后的单片机实验加入单片机课程设计部分，要求学生完成小系统设计制作。学生从选题开始，根据题目需求进行研究探索，自主创新，设计完成方案优选。在课程设计的进程中创造性应用多学科知识解决实际问题，锻炼学生的资料筛选的能力、系统的硬软设计能力及软件 PROTEUS 和 KEIL 的使用能力，完成系统的设计后进行 PCB 印制板布板、焊接、系统的调试工作，最后制作成 PPT 进行汇报交流，学生的沟通交流能力和团队协作在小系统的制作过程中不断增强。整个课程设计的过程实质上还原了工程项目的基本流程，给学生全方位的锻炼机会，为学生以后从事实际工程开发打下良好的基础。

三、单片机教学效果分析

经过几年发展，"单片机原理及应用"课程为学生提供了由课程视频课件、PPT 课件、电子教案和微信群共同组成的课程立体教学资源，为学生搭建了良好的生态学习环境。课程教学体系进行逆向教学设计，将工程项目简化后引入教学过程进行项目式教学模式探索，使得学生尽早接触工程问题，学习工程背景知识。对实验课程从实验方案设计、实验器件选择到实验作品完成给予了全程的引导，促进了学生的动手锻炼，该课程也获得了省级教学项目的支持。在"单片机原理及应用"课程改革的影响下，学生小系统制作的水平迅速提高，电子作品的制作成功点燃了学生动手的热情，为学生的大创项目的实施和毕业设计顺利开展打下了良好的基础，学生参加全国电子设计大赛的人数明显增加。为了满足更多学生学习需求，"单片机原理及应用"教研组开设了选修课程，为部分学生想提前学习该课程创造了好机会，促进学生知识结构提前搭建，为日后接触工程实践积累经验。

参考文献

[1] 樊国强.基于物联网环境的单片机技术发展研究[J].赤峰学院学报（自然科学版），2019，35（01）：69-71.

[2] 顾海林.浅议单片机未来的发展前景[J].科技创新与应用，2012（15）：64.

[3] 濮素.现代电器单片机的应用[J].科技信息，2013（09）：116-187.

[4] 农桂泽.单片机发展历程与单片机技术之研究[J].电子技术与软件工程，2016（14）：251.

[5] 谢会.单片机在现代电器上的应用[J].通信电源技术，2018，35（08）：130-131.

[6] 李飞."智能化"电子产品中单片机技术的应用[J].电子技术与软件工程，2019（06）：228.

[7] 王洪喆.单片机在电子技术中的应用和开发技术探析[J].电子技术与软件工程，2018（14）：243.

[8] 施达雅.电子技术中单片机的应用和开发技术探讨[J].黑龙江科技信息，2011（36）：18.

[9] 叶盛.单片机技术在医疗仪器中应用研究[J].无线互联科技，2012（10）：239-240.

[10] 江一舟，张怡聪，李斌.Cortex-M3单片机在工业仪表中的应用[J].仪表技术，2010（06）：24-26.

[11] 王起.论PLC、单片机、工控机在工业现场中的应用及选用方法[J].广西轻工业，2011，27（01）：60-61.

[12] 茅杰.单片机技术发展及对策试析[J].太原城市职业技术学院学报，2012（04）：136-137.

[13] 周丽华.浅谈单片机在电子技术中的应用优势与开发[J].科技创新导报，2018，15（07）：95-96.

[14] 王利，杨晶晶，李耀贵.面向新工科的单片机原理及应用课程教学研究与改革[J].内燃机与配件，2018（22）：248-249.

[15] 乔延华，赵琳，李建娜.《单片机原理及应用》课程教学改革探索[J].当代教育实践与教学研究，2017（10）：142-143.

[16] 袁洪波，张梦，程曼，等.《单片机原理与应用》课程教学改革与实践[J].科技视界，

2016（22）：167.

[17] 孙柏林 . 中国"智能制造"发展之路——《智能制造发展规划（2016—2020 年）》解读 [J]. 电气时代，2017（05）：42-47.

[18] 薛飞 . 基于应用型人才培养的单片机原理教学改革 [J]. 农业与技术，2015,35(12)：251.

[19] 金琦淳，倪月，刘清翔，等 . 案例式教学在《单片机原理及接口技术》课程中的应用 [J]. 装备制造技术，2015（01）：216-218.

[20] 王发 . 单片机原理及应用教学中应用任务驱动教学法的策略 [J]. 民营科技，2016（02）：59.

[24] 韩翠娥，徐亚卿，郭清晨 . 将 Keil 和 Proteus 软件引入单片机原理与应用课堂教学 [J]. 中国现代教育装备，2012（01）：93-95.

[25] 蔡李花，方海峰，袁明新，等 . 机械类专业单片机原理与应用课程考核方法研究 [J]. 电脑知识与技术，2014，10（31）：7415-7418.